투
명
한
잼

다 나 카 히 로 코 지음 ㅣ 김윤경 옮김

한스미디어

잼 만들기의 기본

CONTENTS

- 계량 단위는 1컵=200㎖, 1Ts=15㎖, 1ts=5㎖입니다.
- 오븐의 온도와 굽는 시간은 대략적인 기준치입니다.
  오븐 종류에 따라 다르니 상태를 보면서 조절해주세요.
- 특별한 언급이 없는 경우 무염 버터를 사용합니다.
- 버튼형 제과용 초콜릿은 그대로 사용하고, 덩어리나
  시판 초콜릿은 잘게 다져서 씁니다.

딸기잼&딸기마멀레이드

귤잼

팔삭마멀레이드

청견잼

포멜로잼

블러드오렌지잼

자몽잼

레몬잼

루바브잼

라즈베리잼

자두잼

체리잼

살구잼

복숭아잼

블루베리잼

무화과잼

서양자두잼

들어가며

일상생활에서 쉽게 즐길 수 있는 '잼 만들기'를 통해 누구나 풍요로운 시간을 맛볼 수 있다고 믿고 있습니다. 과일을 다루면서 계절을 느끼고 잼을 졸이며 방 안 가득 감도는 향긋한 과일 향에 취하다 보면 어느새 마음이 편안해진 나를 발견하게 돼요. 설탕과 함께 졸인 과일이 반짝반짝 윤이 나는 잼으로 변해가는 과정은 늘 새로워요. 유리병에 담긴 예쁜 잼들을 바라볼 때면 뿌듯하고 행복합니다.

잼은 재료를 오래 보관하기 위한 삶의 지혜이자

자연의 은혜를 소중히 여기는 방법이기도 해요.

잼 만들기는 언뜻 단순한 작업처럼 보이지만 과일을 본 순간부터 입에 넣어 맛보는 순간까지 어떤 맛의 잼을 만들까 하는 고민이 시작됩니다. 제 스승님은 잼을 만들 때 항상 '한 걸음 더 깊이 과일을 관찰하고 맛을 끌어내라'는 원칙을 강조하셨어요. 하지만 프랑스에서 연수하는 동안, 그 말을 깊이 고민해볼 겨를도 없이 그저 셰프의 지시를 따라가기에 바빴습니다. 그러다 일본에 돌아와 혼자 잼 만들기에 빠져들고 보니 비로소 스승님의 가르침이 와닿기 시작하더라고요.
과일은 자연이 주는 선물이라 상태가 항상 일정하지 않습니다. 같은 사과라도 즙이 많거나 적을 때가 있고 귤도 껍질이 야들야들한 것이 있다면 단단한 것도 있어요. 때로는 같은 과일로 만들었는데 잼이 마치 주스처럼 되어버리는 경우도 있지요. 잼을 만들다 보면 이처럼 내 생각대로 잼이 나오지 않는 경험을 종종 하게 됩니다. 그래서 잼을 끓일 때 오늘은 어떤 맛을 내면 좋을지 머릿속에 그려보고 과일 상태를 살피면서 잼에 어울리는 부재료를 매번 고민하곤 합니다. 물론 과일이랑 레몬, 설탕만 넣었는데 다른 무언가를 굳이 넣지 않아도 될 만큼 맛있는 잼이 만들어지기도 해요. 하지만 잼이 싱겁다면 마지막에 향신료나 말린 과일을 첨가해 잼 맛을 끌어올려 줍니다.

이렇게 저는 1년 내내 잼을 만들지만

늘 새로운 과일을 다룬다는 생각으로 설레며 잼을 만들어요.

책을 통해 지금까지의 제 경험과 수강생들한테 자주 들었던 질문을 바탕으로 가정에서도 맛있는 잼을 만들 수 있는 방법을 쉽게 담아내고자 노력했습니다. 어렵게 생각하지 말고 한번 도전해보세요. 저와 함께 잼이 주는 행복을 느껴보면 좋겠습니다.

이 책이 여러분의 잼 만들기에 길잡이가 되어 "작년보다 올해 만든 잼이 더 맛있었어요!"라는 기쁜 소식이 들려오기를 바라면서….

다나카 히로코

잼 만들기의 기본

≫ 기본 재료

잼은 신선한 제철 과일을 낭비 없이 즐기기 위해 고안된 저장 식품이에요.
그래서 들어가는 재료가 매우 단순합니다. 과일이 지닌 참맛을 살리는 것이 제일이니까요.

제철 과일 잼의 주재료는 과일입니다. 특히 먹고 싶을 정도로 신선한 것이 바람직해요. 요리와 마찬가지로 얼마나 좋은 재료를 쓰는지가 잼의 맛을 좌우하는 핵심이거든요. 물론 설탕을 넣고 졸이므로 과일의 원래 맛보다 좀 더 맛있는 잼이 만들어지기도 합니다. 하지만 바로 먹기에 맛이 없다거나 먹다 남아서 잼으로 만든다는 생각이 바탕이 되어서는 안 돼요.

레몬 레몬즙은 맛을 조절하거나 변색을 방지하기 위해 꼭 필요한 재료입니다. 유자나 매실처럼 신맛이 강한 과일에는 넣지 않지만 감귤류 중에서도 단 포멜로나 팔삭(또는 핫사쿠, 일본이 원산지인 감귤의 일종: 역주) 또는 신맛이 있어도 변색되기 쉬운 살구 같은 과일에 레몬즙을 첨가합니다. 단, 지나치면 단맛이 두드러져 텁텁할 수 있으니 주의하세요.

펙틴 과일 등에 함유되어 있는 천연 다당류입니다. 보통은 과일을 졸이다 보면 펙틴이 물에 용해되면서 젤리화됩니다. 그래서 과일의 종류나 졸여지는 상태를 보면서 시판 펙틴을 응고제로 첨가할지 말지 정해야 해요. 예를 들어 1일 차에 과일을 재우듯이 설탕을 뿌려서 끓였을 때(p.8) 수분이 많이 배어 나왔다면 2일 차에 펙틴을 넣어 농도를 조절합니다.
※이 책에서는 '수제잼용 펙틴'과 'MCP 펙틴'을 사용했습니다. 브랜드에 따라 사용량은 조금씩 달라질 수 있습니다.

펙틴 첨가는…
펙틴은 2일 차에 설탕을 부을 때 넣습니다. 계량한 설탕에 펙틴을 넣고 거품기로 잘 섞어서 준비해주세요.

설탕 잼을 만들 때는 대개 그래뉴당(싸라기설탕 중에서 결정이 가장 작은 설탕으로, 백설탕보다 순도도 높고 물에 더 잘 녹는다: 역주)을 사용해요. 그래뉴당은 단맛이 깔끔하면서 다루기 쉽고 투명한 것이 특징입니다. 맛이나 향을 강조하고 싶을 때는 사탕수수당이나 꿀을 넣어도 좋아요. 사탕수수당은 마치 캐러멜 같은 특유의 풍미가 있거든요. 꿀은 단맛이 강하고 향이 독특해서 꿀 자체의 풍미를 즐기고 싶을 때 쓴답니다.

설탕량 계산은…
설탕은 과일 중량의 50%를 넣는 것이 기본 공식입니다. 딸기의 단맛과 신맛을 기준으로 생각해볼까요? 딸기보다 산미가 있는 감귤류나 라즈베리 등은 설탕량을 60%로, 이보다 신맛이 강한 매실이나 살구 등은 70~80%로 잡으면 됩니다. 반대로 딸기보다 단 복숭아나 신맛이 적은 서양배 또는 무화과는 40~45%가 적당합니다.

다만 설탕량을 너무 줄이면 오랫동안 두고 먹을 수 없으니 이 점에 유의합니다.
여기서 '과일 중량'은 냄비에 넣고 끓이는 과일 무게를 말합니다. 씨를 제거하거나 껍질이 필요치 않으면 껍질을 벗겨낸 후의 중량을 말합니다. 즙을 포함해서 손질을 끝낸 '과육의 무게'를 정확히 계량해주세요.

스테인리스 볼 밑손질한 과일을 담아두거나 미리 끓인 과일을 하룻밤 정도 냉장고에서 보관할 때 쓰면 편리한 도구. 열전도가 잘되는 튼튼한 스테인리스 재질의 볼을 2~3개 준비합니다.

냄비 잼을 줄일 때는 바닥면이 두껍고 뚜껑이 있는 냄비를 씁니다. 저는 두께 2mm짜리 삼중 바닥 냄비를 즐겨 사용한답니다. 열이 고루 전달되어서 과일을 뭉근하게 졸이는 데 제격이거든요. 캐러멜을 만들 때는 깊이가 있고 열전도율이 뛰어난 동냄비가 좋습니다.

냄비 선택은… 보통 지름 24~27cm 정도의 냄비를 사용해요. 냄비가 작으면 끓어 넘칠 위험도 있고 충분히 끓을 때까지 시간이 많이 걸려서 잼의 맛과 색이 저하될 수 있습니다.

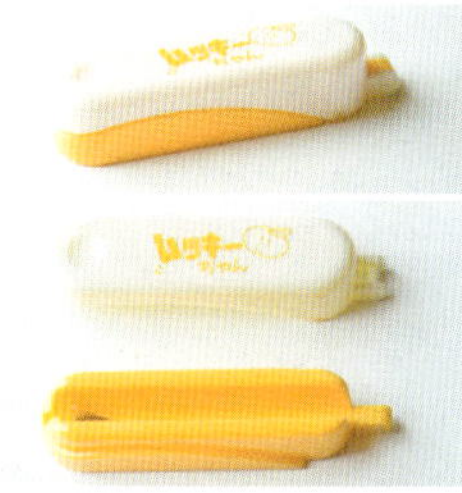

저울 잼이나 과자를 만들 때 가장 중요한 것은 계량입니다. 정확히 계량할 수 있도록 0.1g 단위까지 표시되는 저울을 추천합니다.

필러 쥐기 편한 손잡이에 스테인리스 칼날이 장착된 일자형 감자 칼은 과일 껍질을 벗기거나 심을 도려낼 때 유용합니다.

오렌지 껍질 제거기 무키짱을 사용하면 팔삭이나 포멜로 같은 단단한 껍질도 쉽게 벗길 수 있답니다.

레몬 스퀴저 잼에 넣을 레몬즙을 짜는 도구. 저는 손에 착 감기는 목제 제품을 즐겨 사용하고 있어요.

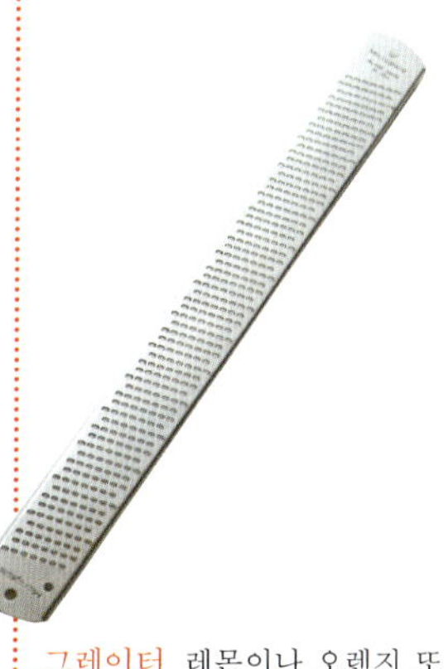

소스 국자 완성된 잼을 유리병에 담을 때 사용하며, 내용물을 따르기도 좋고 양을 미세하게 조절할 수 있답니다.

실리콘 주걱 나무 주걱은 과일 물이 들어 이염될 수 있으므로 실리콘 주걱을 추천합니다. 냄비 바닥이나 옆면에 들러붙는 잼을 모을 수 있어요.

거름 국자 과일을 졸일 때 일어나는 거품을 걷어내는 도구로, 녹이 잘 슬지 않는 스테인리스 재질을 추천합니다.

그레이터 레몬이나 오렌지 또는 유자의 껍질을 곱게 갈 때 편리한 그레이터(강판)는 초콜릿은 물론 아몬드나 호두처럼 작은 재료도 갈 수 있어요.

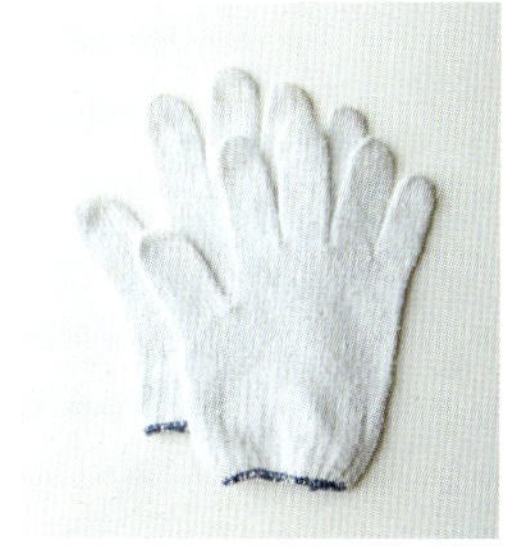

스펀지 유리병 가장자리에 잼이 묻으면 곰팡이가 생기기 쉬우니 얇은 셀룰로오스 스펀지를 잘라서 잼을 닦아낼 때 써요.

알코올 스프레이 유리병을 살균 소독하는 데 쓰며, 곰팡이가 생기지 않게 잼통을 보관하는 데 필수예요.

목장갑 유리병에 잼을 담고 뚜껑을 닫을 때 병이 뜨거우니 목장갑을 끼고 작업합니다.

≫ 기본 방법

잼을 만드는 방법은 어떤 과일을 사용하느냐에 따라 조금씩 차이가 있기는 하지만 기본 과정은 동일합니다.
지금부터 잼 만들기의 대략적인 흐름을 살펴볼까요?

▮1일 차▮ 손질하기

과일을 썻고 물기를 꼼꼼히 제
거한다. 껍질을 벗긴 과일은 썻
지 않기도 한다.

꼭지 따기, 껍질 깎기, 씨 제거하
기, 자르기 등 과일 종류에 따라
필요한 밑손질을 한다.

첫 번째로 설탕 넣고 끓이기

냄비에 손질한 과일을 넣고 설
탕을 붓는다.

냄비를 불에 올리고 과일에 설
탕을 입히듯 고루 뒤섞는다.

과일에서 수분이 빠져나와 부드
럽게 저어질 때까지 끓인다.

볼에 옮겨 담은 뒤 재료가 밀착
되도록 랩을 씌워 냉장고에 하
룻밤 재운다. 밤새 과일에 자연
스럽게 설탕물이 배어든다.

▮2일 차▮ 두 번째로 설탕 넣고 졸이기

한차례 끓인 과일을 냉장고에서
꺼내 냄비에 옮겨 담는다.

두 번째 분량의 설탕(또는 설탕+
펙틴)을 넣는다.

레몬즙을 넣고 섞는다.

거품을 걷고 과일이 물러서 농도
가 걸쭉해질 때까지 푹 끓인다.

세 번째로 설탕 넣고 완성하기

세 번째로 설탕을 넣고 끓이며
거품을 제거한다.

잼은 식으면서 굳어지므로 걸쭉
해졌다 싶을 때 불에서 내린다.

≫ 병에 잼 채우기

시간과 정성을 들여 만든 잼인 만큼 언제 먹어도 맛있는 상태로 보관하는 것이 매우 중요합니다.
보관용 병과 용기에 잼을 채우는 방법을 자세히 알아볼게요.

잼이 뜨거울 때 살균 소독한 병에 옮겨 담는다. 공기가 들어갈 틈이 없도록 최대한 병의 위쪽까지 잼을 채운다.

물에 적셔 꼭 짠 스펀지로 병의 가장자리를 깨끗이 닦는다.

뚜껑을 닫는다. 뜨거운 잼이 담겨 있으니 병을 만질 때는 목장갑을 착용한다.

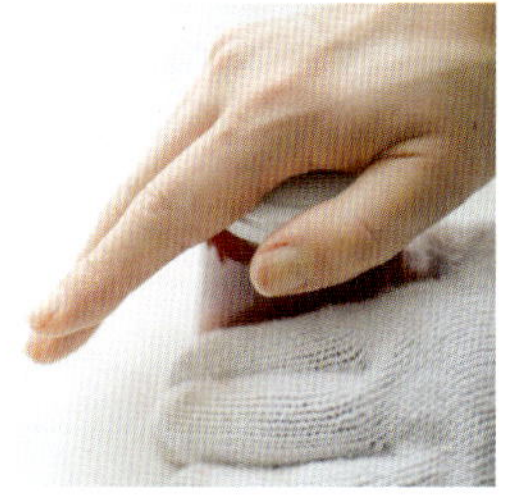

손바닥으로 병뚜껑을 지그시 누르면서 밀봉하고 나서 거꾸로 세워둔다.

볼에 따뜻한 물을 담고 병이나 뚜껑에 묻은 잼을 씻어낸다.

병을 거꾸로 들고 흔들어 병과 뚜껑 사이에 고인 물기를 턴다.

마른 행주로 병과 뚜껑을 깨끗하게 닦는다.

병을 거꾸로 세워두고 충분히 식을 때까지 방치한다. 이렇게 하면 병 속의 공기를 효율적으로 뺄 수 있다.

병 소독은…
병 입구를 위로 향하게 하고 오븐용 트레이에 올린 다음 110℃에서 20분 정도 살균합니다. 병뚜껑은 알코올 스프레이(p.7)를 이용해 살균합니다.

밀폐 유리병&앤티크 잼병…
밀폐 유리병(왼쪽): 잼은 공기와 닿으면 맛이 저하되니 작은 병 여러 개에 나눠서 보관합니다. 참고로 이 책에 소개한 레시피는 한 번에 140ml 용량의 유리병 4~8개를 채울 수 있는 분량이에요.
앤티크 잼병(오른쪽): 연대에 따라 모양이 달라서 수집하는 재미가 있는 앤티크 잼병은 일반 그릇처럼 사용하면 돼요. 예전에는 설탕을 듬뿍 넣어 잼을 만들고 셀로판지를 덮은 다음 끈으로 묶어 보관했지만, 요즘엔 단맛을 제한해서 만드는 추세라 뚜껑이 있는 용기에 담아야 잼을 오래 두고 먹을 수 있어요.

≫ 플러스알파: 향신료&리큐어

과일로만 잼을 만들어도 맛있지만 향신료와 리큐어를 활용하면 플러스알파의 맛을 끌어낼 수 있어요.
플레인 딸기잼과 시나몬 스틱이 만나면 이국적인 맛이 나고, 키르슈를 더하는 순간 맛이 꽉 찬 어른을 위한 잼이 됩니다.
여러분도 향신료와 리큐어를 다양하게 응용해보세요.

통후추 백후추(왼쪽)는 고급스러운 향이 나고, 흑후추(오른쪽)는 특유의 강렬한 향이 있어요. 알갱이째 병에 넣어 뜨거운 잼과 어우러지도록 해주세요.

시나몬 은은하게 달달한 시나몬. 스틱형 시나몬(원쪽)은 잘라서 사용하면 성분이 잘 우러납니다.

믹스드 스파이스 파우더 시나몬, 육두구(넛맥), 정향(클로브), 생강, 카더멈(소두구) 등 가루를 낸 여러 향신료를 적절한 비율로 섞은 것. 향신료를 직접 섞어서 만들거나 콰트르 에피스, 팡데피스처럼 시판되는 제품을 써도 무방합니다.

정향가루 꽃봉오리를 건조시켜 만든 향신료. 약재처럼 달고 농후한 풍미를 지니고 있어 적은 양만으로도 강한 향이 납니다.

카더멈 향신료의 여왕. 유칼립투스처럼 우아하면서도 상쾌한 향이 특징입니다. 잼이 뜨거울 때 알갱이째 병에 넣습니다.

육두구가루 믹스드 스파이스에 꼭 필요한 향신료 중 하나. 달고 자극적인 향과 쌉쌀한 맛이 특징입니다.

생강가루 산뜻한 풍미와 더불어 약간의 매운맛이 설탕의 단맛을 잡아줘서 맛을 깔끔하게 합니다.

월계수잎 상쾌한 향을 지닌 월계수잎은 가열하면 향이 더욱 살아나므로, 잼이 뜨거울 때 잎째 병에 넣습니다.

바닐라 빈 바닐라 특유의 달달한 향이 특징. 줄기를 반으로 가르고 검고 자잘한 씨를 긁어내 줄기와 사용합니다.

민트 상쾌한 맛과 달달한 향. 잼과 잘 어울리는 민트로는 스피어민트를 추천할게요.

로즈메리 시원하면서도 강렬한 향이 특징인 로즈메리는 잼이 뜨거울 때 잎째 병에 넣습니다.

장미 꽃잎 꽃만의 달콤하고 우아한 향과 풍미가 특징인 재료. 차를 우릴 때 쓰는 말린 장미를 꽃잎째 병에 넣어 뜨거운 잼과 어우러지도록 해주세요.

초콜릿 제과용 비터 초콜릿은 잼과 궁합이 잘 맞아요. 버튼형 초콜릿은 그대로, 시판 초콜릿은 잘게 다져서 사용합니다.

견과류 호두(왼쪽)나 헤이즐넛(오른쪽) 등의 견과류를 활용하면 나무열매 특유의 단맛과 고소함이 잼에 배어듭니다. 단, 견과류는 반드시 볶거나 구워서 사용합니다.

와인 주재료가 되는 과일의 맛이나 색감을 고려해서 화이트와인(왼쪽)을 넣을지 레드와인(오른쪽)을 넣을지 선택합니다. 산미가 강하거나 독특한 와인은 어울리지 않으니 주의합니다. 저는 알자스 와인이 잼과 잘 어울려서 즐겨 사용하고 있어요.

키르슈 체리를 발효시켜 만든 증류주. 쌉쌀한 맛이 나는 키르슈(키르슈바서)는 투명한 무색에 튀지 않는 향이 특징이랍니다.

칼바도스 사과를 원료로 만든 증류주. 사과 브랜디의 대명사이며, 사과를 연상시키는 독특하고 달콤한 향에 황갈색을 띠고 있습니다.

럼주 사탕수수로 만든 증류주. 이 책에서는 풍부한 향과 깊은 풍미를 지닌 다크 럼을 썼어요.

쿠앵트로 화이트 퀴라소 중 하나. 오렌지 향이 강하게 나고 부드러운 단맛을 느낄 수 있는 무색의 리큐어.

그랑 마니에르 코냑에 오렌지 증류 진액을 첨가해서 숙성시킨 갈색 리큐어.

'잼이 덜 걸쭉할 때는 어떡하나요?' '가능한 한 달지 않게 잼을 만드는 방법이 궁금해요.'
이처럼 잼을 만들며 떠오르는 여러 궁금증을 해소하고 취향에 맞는 잼을 만들기 위해 알아두어야 할 사항을 소개합니다.

Q. 잼, 젤리, 마멀레이드의 차이점이 궁금해요.

A. 과육이나 껍질의 식감을 살려 만든 것을 일반적으로 '잼'이라고 지칭하는데, 이 책에서는 페이스트와 젤리 형태 이외를 잼이라고 합니다. 젤리는 보통 과육이나 껍질 또는 씨에서 추출한 진액에 설탕과 펙틴을 첨가하고 충분히 끓여서 만듭니다. 과일을 갈거나 으깬 페이스트 상태의 마멀레이드로 만들면 식감이 달라지면서 색다른 매력을 느낄 수 있답니다. 보통은 감귤류 잼을 마멀레이드로 알고 있는데 프랑스에서는 파인애플이나 체리, 딸기 등의 재료를 페이스트 상태로 만든 모든 잼을 마멀레이드라고 해요.

Q. 설탕량을 줄여서 만들어도 되나요?

A. 설탕을 적게 넣어도 상관없지만 그만큼 오래 보관하기는 힘드니 냉장고에 넣고 1주일 안에 다 소비하는 것이 바람직해요. 설탕량을 줄여서 만들면 잼이라기보다 콩포트에 가까우므로 좀 더 산뜻한 맛이 납니다. 설탕을 어느 정도는 넣어야 색도 선명해지고 보기에도 먹음직스럽답니다. 물론 잼이 오래가기도 하고요.

Q. 그래뉴당 외의 설탕은 어떻게 사용하나요?

A. 약 세 번에 걸쳐서 그래뉴당을 넣을 때, 마지막 분량을 다른 설탕으로 대체하면 과일과 설탕 맛의 특징이 살아 있게 됩니다. 사탕수수당이나 비정제 흑설탕은 그래뉴당보다 20~30% 정도 양을 줄여서 넣고, 물엿이나 꿀처럼 점성이 있는 당분은 그래뉴당보다 50% 정도 양을 줄입니다. 개성 강한 밤꿀도 괜찮고요. 꿀은 감귤류나 금귤과 상성이 좋으니 참고하세요.

Q. 허브나 리큐어를 넣은 잼은 언제 먹나요?

A. 생 허브를 잘게 다져 졸였다면 향이 빨리 감도니 만들고 바로 먹어도 됩니다. 병 속에 허브를 넣고 뜨거운 잼을 부었을 때는 1주일 이상 두었다 먹으면 맛있고요. 민트나 허브 중에는 시간이 지나면서 변색되는 것도 있는데 색이 진한 잼을 넣었다면 신경 쓰이진 않을 거예요. 리큐어를 넣은 잼은 만들고 바로 먹어도 풍미가 살아 있습니다. 리큐어는 대개 잼 만드는 마무리 과정에서 넣는데, 첨가한 후 한소끔 끓이느냐 아니냐에 따라 풍미가 다르니 취향에 맞게 조절합니다.

Q. 딸기잼을 만들었는데 색이 예쁘지 않아요!

A. 딸기 품종에 따라 뿌옇게 색이 빠진 듯한 잼이 만들어지기도 해요. 이건 품종 문제라 어쩔 수 없습니다. 그래서 전 색이 빨갛고 예쁘게 나오는 베니홋페(시즈오카 딸기 브랜드: 역주)나 아마오(후쿠오카 딸기 브랜드: 역주) 품종을 선호해요. 레몬즙을 빠뜨리거나 설탕을 덜 넣어도 잼의 색에 영향을 줄 수 있으니 기억해두세요.

Q. 오래 끓여서 잼이 단단해졌어요.

A. 와인이나 리큐어 같은 술을 넣어보세요. 술은 단맛을 깔끔하게 해주는 효과도 있거든요. 괜히 서둘러 찬물이나 뜨거운 물을 넣는 것은 바람직하지 않아요. 술이 싫으면 그대로 병에 옮겨 보관하거나 보관팩에 담아 냉동했다가 복숭아나 자두, 팔삭처럼 묽어지기 쉬운 재료로 잼을 만들 때 마무리 단계에 써보세요. 이상적인 농도의 맛있는 혼합 잼을 만들 수 있답니다.

Q. 걸쭉함이 덜한 묽은 잼이 돼버렸어요.

A. 마무리 단계에 왔는데도 걸쭉함이 덜할 때가 종종 있답니다. 이때는 좀 더 끓여서 수분을 날리는 방법이 있고, 잘게 다진 말린 과일이나 볶은 견과류처럼 건조된 재료를 첨가해서 끓이는 방법이 있습니다. 이유는 말린 과일이나 견과류가 수분을 빨아들이면서 잼이 단단해지기 때문이에요. 잼을 맛봤을 때 과일 맛이 약하거나 풍미가 떨어진다면 감칠맛이 응축된 말린 과일을 넣어 맛을 끌어올려 보세요.

Q. 펙틴을 깜빡했어요.

A. 펙틴을 따로 넣으면 잼 속에서 덩어리지므로 깜빡했다고 급하게 넣지 마세요. 만약 분량의 그래뉴당을 다 넣은 다음 알아챘다면 반드시 분량 외라도 소량의 설탕과 섞어서 넣어줍니다. 펙틴은 두 번째로 설탕을 넣을 때 설탕에 섞는 것이 기본이지만, 세 번째로 설탕을 넣고 끓였는데도 잼이 묽다면 다시 소량의 설탕에 펙틴을 섞어도 괜찮습니다. 이때는 냄비 속 잼을 잘 저으면서 설탕+펙틴을 첨가하는 걸 잊지 마세요.

Q. 열탕 탈기를 거치지 않아도 오래 보관할 수 있나요?

A. 이 책에서는 잼이 담긴 병을 끓여서 공기를 빼는 과정인 열탕 탈기를 하지 않는 것을 전제로 설명하고 있으니 한번 따라 해보세요. 단, 책대로 잼을 만들고 열탕 탈기를 하면 다시 잼을 가열하는 셈이 되어서 맛이 변하거나 선명했던 색감이 떨어질 수 있습니다.

Q. 잼을 보관하다가 뚜껑이 부풀어 올랐어요!

A. 공기가 확실히 빠져 진공 상태가 된 병은 뚜껑이 약간 옴폭하게 들어가 있어요. 만약 뚜껑이 볼록해졌다면 진공 상태가 아니라는 뜻이에요. 잼이 상해서 그럴 수도 있으니 뚜껑을 열고 반드시 확인합니다. 열어봤을 때 냄새가 이상하면 윗부분을 걷어내고 맛을 한번 보세요. 맛이 괜찮으면 상한 건 아니니까 다시 뚜껑을 꼭 닫아서 냉장 보관합니다.

Q. 향신료는 어느 정도 지나야 잼에 향이 배나요?

A. 가루 향신료를 넣으면 향이 금세 퍼지므로 만들자마자 그 맛을 느낄 수 있습니다. 반면 알갱이나 씨앗 형태의 향신료는 향이 금방 퍼지지 않으므로 1주일 이상 두었다 먹는 편이 좋아요. 반년에서 1년 정도 지나면 향신료의 향이 과일 맛을 누를 정도로 강해질 수 있으니 먹는 시기는 취향에 따라 선택합니다. 단, 실온에 보관하면 향신료의 향이 잼에 쉽사리 배어들고, 냉장 보관하면 맛의 변화가 서서히 일어납니다.

Q. 병뚜껑이 잘 닫히지 않아요!

A. 겨울이면 병뚜껑이 잘 닫히지 않을 수도 있어요. 이때는 뚜껑을 살짝 데웁니다. 그렇다고 뚜껑을 바로 오븐에 넣으면 고무 패킹 부분이 타버려서 못 쓰게 되니 스텐 트레이에 담아 오븐 위에 올려두거나 오븐 가까이에 놔두세요. 유리병을 살균하고 나서 여열이 있는 오븐 속에 잠깐 넣어두는 방법도 좋습니다. 가끔 뚜껑이 잘 맞지 않는 제품도 있어요. 이런 뚜껑도 몇 번 사용하다 보면 나름의 요령이 생깁니다.

Q. 잼의 보관 기간이 궁금해요.

A. 개봉하지 않으면 실온에서 약 1년, 개봉 후에는 냉장고에서 2주 정도가 적당합니다. 한 번 썼던 병뚜껑은 진공이 잘되지 않을 수도 있으니 만약 뚜껑이 움푹 들어가 있지 않다면 냉장 보관하는 편이 안전합니다. 과일에 따라 장기간 두고 먹기 어려운 잼도 있어요. 밤잼은 실온에서 3개월 이내에 소비하거나 냉장 보관해야해요. 복숭아잼도 상하는 건 아니지만 맛이 저하되는 속도가 빠르므로 밤잼과 비슷하답니다. 감귤류 잼은 껍질 속 성분 때문에 곰팡이는 아니지만 하얀 반점이 생기기도 해요. 딸기잼은 진공이 잘되어 있어도 5개월이 지나면 색이 변하니까 잼 색깔이 선명할 때 다 소비하는 편이 바람직하겠죠? 레몬커드는 보관 기간이 개봉 전 실온에서 한 달이니 그 이상 두고 먹을 때는 냉장 보관하세요.

딸기잼&딸기마멀레이드

플레인 딸기잼
How to make → p.16~17

시나몬 딸기잼

키르슈 딸기잼

흑후추&민트 딸기잼

흑후추&민트 딸기잼
키르슈 딸기잼
시나몬 딸기잼
How to make → p.16~17

플레인 딸기잼

● 흑후추&민트 딸기잼

● 키르슈 딸기잼

● 시나몬 딸기잼

재료

유리병(140㎖)…약 6개 분량

1일 차

손질한 딸기…900g

그래뉴당…150g

2일 차

그래뉴당…250~300g

펙틴…3g

레몬즙…40㎖

● 통흑후추…½ts

● 민트잎…10장

● 키르슈바서…1~2Ts

● 시나몬 스틱…3개

플레인 딸기잼

1 딸기를 흐르는 물에 씻고 물기를 털어서 키친타월을 깔아둔 트레이에 담는다.

2 키친타월로 딸기에 묻어 있는 물기를 부드럽게 닦는다.

3 과도로 꼭지를 제거한다. 큰 딸기는 2등분 또는 4등분하고 알이 작으면 그대로 사용한다.

4 냄비에 손질한 딸기를 담고 그래뉴당 150g을 넣는다.

5 4를 중불에 올려 실리콘 주걱을 사용해 잘 섞고, 눌어붙지 않게 주의한다.

6 주걱으로 계속 저으며 끓이다 딸기가 말랑해지면 불에서 내린다.

7 다른 볼에 내용물을 천천히 옮겨 담는다.

8 재료에 밀착되게 랩을 씌우고 한 김 식혀서 냉장고에 하룻밤 재운다.

9 8의 볼에서 랩을 벗기면 떠 있던 거품이 함께 제거된다.

10 9를 냄비에 옮겨 담는다.

11 그래뉴당 150g에 펙틴 3g을 넣고 잘 섞는다.

12 10의 냄비에 11을 넣는다.

13 레몬즙 40㎖를 넣고 재료
가 섞이도록 고루 섞는다.

14 13의 냄비를 중불에 올려
주걱으로 계속 저으며 끓이는
중간중간 거품을 제거한다.

15 저었을 때 한순간 냄비 바
닥이 보일 정도로 점성이 생기
면 남은 그래뉴당을 넣는다.

16 다시 끓이다 **15**처럼 한순
간 냄비 바닥이 보일 정도로 농
도가 걸쭉해지면 완성이다.

17 완성한 잼이 뜨거울 때 병
에 옮겨 담고 뚜껑을 꼭 닫는다.

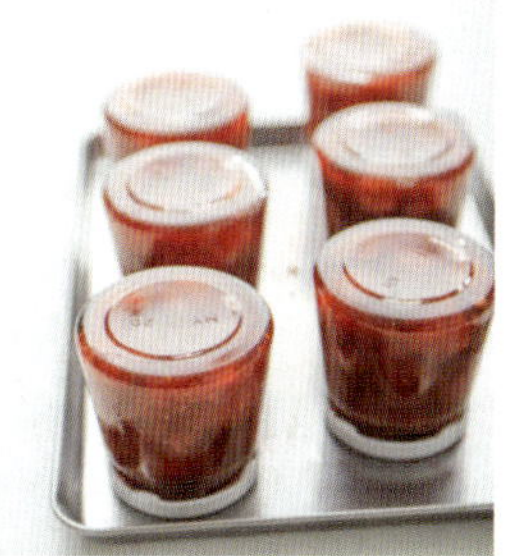

18 병을 거꾸로 세워 충분히
식을 때까지 그대로 둔다.

흑후추&민트 딸기잼

1 병 바닥을 이용해서 흑후추
알갱이를 으깬다.

2 민트잎을 잘게 썰어준다.

3 '플레인 딸기잼' **16**에 **1**과 **2**
를 넣는다.

4 혼합물을 한소끔 끓이고 불
에서 내린다.

키르슈 딸기잼

1 '플레인 딸기잼' **16**에 분량
의 키르슈를 혼합한다.

시나몬 딸기잼

1 시나몬 스틱을 잘라 병에 넣
는다.

2 '플레인 딸기잼' **16**을 **1**에
채운다. 시나몬 파우더를 사용
할 경우 흑후추와 동일한 타이
밍에 넣는다.

딸기마멀레이드

1 '플레인 딸기잼'을 참고하여 1~14까지 진행하고 중불로 5분가량 더 끓이며 딸기를 핸드블렌더로 반 정도 으깬다.

2 '플레인 딸기잼' 15~18까지 동일하게 진행한다.

딸기마멀레이드 ✚ 무가당 요구르트 ✚ 바닐라아이스크림

귤잼

MEMO ● 귤을 껍질째 잘게 썰어 만들어야 하므로
껍질이 얇고 단단한 귤을 고르는 것이 포인트.
그래뉴당은 귤 중량의 60%로 잡습니다.
▌만드는 시기 ▌12월

그랑 마니에르 귤잼

재료
유리병(140㎖)···약 5개 분량
1일 차
귤···7개(손질 후 600g)
그래뉴당···160g
2일 차
그래뉴당···200g
레몬즙···1Ts
그랑 마니에르···40㎖

1 귤을 껍질째 씻어 물기를 제거한 다음 꼭지 부분을 조금 자르고 세로로 반 가른다.

2 귤 중앙의 하얀 심을 원하는 만큼 제거한다.

3 2mm 두께로 썬다.

4 다시 세로로 반 자른다.

5 4를 냄비에 옮겨 담고 그래뉴당 160g을 넣은 다음 중불에 올려 섞는다.

6 김이 올라서 보글거릴 때까지 뚜껑을 닫고 10분쯤 끓인다.

7 껍질이 덜 물렀다면 30분가량 뜸을 들인다. 볼에 옮겨 랩을 씌우고 한 김 식힌다.

8 냉장고에서 하룻밤 재운 7을 냄비에 옮겨 담는다.

9 그래뉴당 100g과 레몬즙 1Ts을 넣고 중불에 올린다.

10 길이가 긴 껍질이 눈에 띄면 부엌 가위로 자르면서 걸쭉해질 때까지 끓인다.

11 남은 그래뉴당 100g을 넣고 잘 저으면서 3분 정도 끓인 다음 불에서 내린다.

12 마지막으로 그랑 마니에르를 섞는다.

13 완성한 잼이 뜨거울 때 병에 담아 뚜껑을 닫고 충분히 식을 때까지 거꾸로 세워둔다.

그랑 마니에르 귤잼 + 팽 드 캉파뉴

팔삭마멀레이드

| 만드는 시기 | 1~4월

팔삭마멀레이드 2종 **+** 바게트

플레인 팔삭마멀레이드
호두 팔삭마멀레이드

재료
유리병(140㎖)…약 5개 분량
1일 차
팔삭…3개(과육 400g+껍질 200g)
그래뉴당…160g
2일 차
그래뉴당…200g
레몬즙…2Ts
호두…70g

플레인 팔삭마멀레이드

1 씻은 팔삭의 물기를 제거하고 윗부분을 자른 다음 칼집을 내어 과육과 껍질을 분리한다.

2 속껍질을 까고 과육에 붙어 있는 흰 부분과 씨를 제거한다 (400g 기준).

3 겉껍질은 중과피(껍질 안쪽 흰 부분)를 도려내고 사용한다 (200g 기준).

4 냄비에 **3**과 물을 넣고 끓이다가 끓어오르면 물을 따라 버린다. 이 과정을 두 번 반복한다.

5 껍질이 적당히 무르면 물기를 제거하고 한입 크기보다 조금 더 크게 토막 낸다.

6 냄비에 **2**의 과육과 **5**의 껍질을 담는다.

7 **6**에 그래뉴당 160g을 넣고 중불로 끓이면서 잘 섞어준다.

8 뚜껑을 덮고 과즙이 배어 나올 때까지 끓인다. 껍질이 덜 물렀다면 30분 정도 뜸을 들인다.

9 **8**을 볼에 옮겨 담는다.

10 재료에 밀착되게 랩을 씌워 한 김 식힌 다음 냉장고에 하룻밤 재운다.

11 냄비에 **10**을 옮겨 붓고 그래뉴당 100g과 레몬즙 2Ts을 넣어 중불에 끓인다.

12 걸쭉해지면 핸드블렌더로 재료를 반쯤 으깬다.

➥ 호두&팔삭마멀레이드

13 남은 그래뉴당 100g을 넣고 끓이다가 다시 걸쭉해지면 불에서 내린다.

14 뜨거울 때 병에 담아 뚜껑을 닫고 충분히 식을 때까지 거꾸로 세워둔다.

1 예열한 오븐에 호두를 넣고 160℃에서 10~15분 구워 속껍질을 제거하고 다진다.

2 위의 과정 **13**에 다진 호두를 넣어 고루 섞고 한소끔 끓인 뒤 불에서 내린다.

청견잼

캐러멜&민트 청견잼 **+** 리코타치즈

캐러멜&민트 청견잼

재료
유리병(140㎖)···약 4개 분량
1일 차
청견···4~5개(과즙 450g+껍질 200g)
그래뉴당···150g
캐러멜용 그래뉴당···100g
2일 차
그래뉴당···150g
펙틴···4g
레몬즙···1Ts
민트잎(취향껏)···15~20장

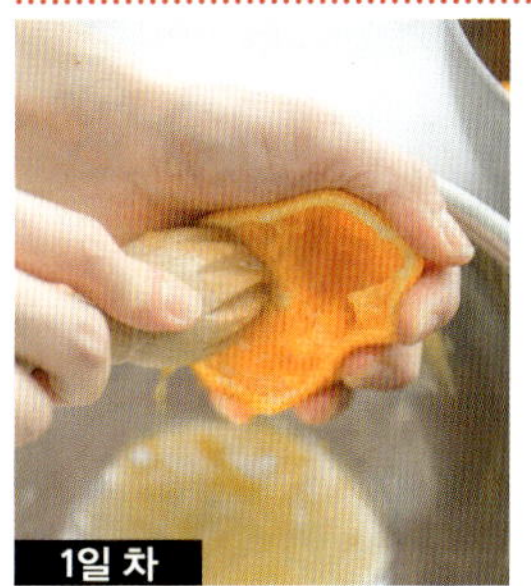

1 깨끗하게 씻어 물기를 제거한 청견을 반으로 잘라서 즙을 짠다. 과즙에 남은 심을 잘 골라낸다(450g 기준). 캐러멜을 만들 때 쓸 50g은 따로 덜어둔다.

2 속껍질을 제거한 껍질을 반달 모양으로 썬다.

3 손질한 청견의 중과피(겉껍질 아래 두꺼운 육질 부분: 역주)를 칼로 저미듯이 제거한다.

4 냄비에 **3**과 물을 넉넉히 담고 10분 정도 끓인 후 물을 따라버린다. 이 과정을 껍질이 부드러워질 때까지 두 번 반복한다.

5 데친 껍질을 체에 건져 식힌다.

6 식으면 껍질을 짤막하게 채썬다(200g 기준).

7 캐러멜용을 제외한 **1**의 과즙, **6**의 껍질, 그래뉴당 150g을 냄비에 담고 중불에 올린다. 뚜껑을 덮고 10분쯤 끓인다.

8 동냄비에 캐러멜용 그래뉴당 100g을 넣고 중불에서 녹이다가 캐러멜색이 나면 불에서 내린다.

9 따로 데워둔 **1**의 캐러멜용 과즙을 **8**에 부어서 캐러멜을 녹인다.

10 캐러멜이 과즙과 어우러지면 **7**을 넣고 저으며 끓인다. 끓어오르면 불에서 내린다.

11 볼에 옮겨 담고 재료에 밀착되게 랩을 씌워 한 김 식힌 다음 냉장고에 하룻밤 재운다.

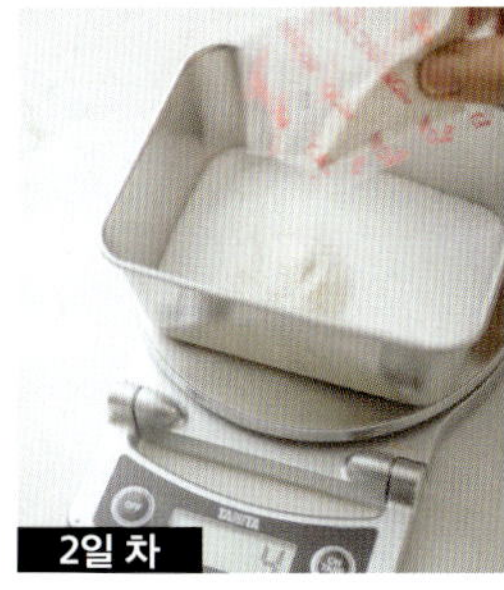

12 그래뉴당 150g과 펙틴 4g을 계량해 섞는다.

13 냄비에 **11**을 옮겨 담고 계량해둔 **12**와 레몬즙 1Ts을 넣고 섞는다.

14 중불로 끓이며 거품을 걷어낸다. 냄비 중앙 부분이 끓어오를 때까지 계속 졸인다.

15 윤기가 돌고 걸쭉해지면 채썬 민트잎을 넣고 섞는다.

16 완성한 잼이 뜨거울 때 병에 담아 뚜껑을 닫고 충분히 식을 때까지 거꾸로 세워둔다.

포멜로잼

MEMO ● 중과피의 쓴맛을 살려서 만든 잼이에요.
겉껍질의 쌉쌀한 맛을 살리기 위해 다른 재료를
더하지 말고 플레인 잼으로 만들기를 추천합니다.
그래뉴당은 포멜로 중량의 60%가 적당해요.
┃만드는 시기┃3~4월

플레인 포멜로잼&바닐라 캐러멜잼(p.96) ✚ 식빵

플레인 포멜로잼

재료
유리병(140㎖)…약 5개 분량
1일 차
포멜로…3개(과육 450g+껍질 350g)
그래뉴당…200g
2일 차
그래뉴당…220g
레몬즙…1Ts

1 깨끗하게 씻은 포멜로는 물기를 제거하고 껍질을 벗겨서 준비한다.

2 속껍질을 벗겨내고 과육에 붙어 있는 흰 부분과 씨를 제거한다(450g 기준).

3 칼로 중과피를 반 정도 제거한다(350g 기준).

4 냄비에 **3**과 물을 넉넉하게 담아 끓어오를 때까지 15분 정도 데친 다음 물을 따라 버린다. 이 과정을 두 번 반복한다.

5 포멜로를 꼬치로 찔러보며 부드러워졌는지 확인한다.

6 데친 껍질을 폭 1㎝로 자른 다음 다시 잘게 썬다.

7 **2**의 과육, **6**의 껍질, 그래뉴당 200g을 냄비에 담고 중불에 올린다.

8 냄비 중앙 부분이 끓고 껍질이 퍼지면 불에서 내린다. 볼에 옮겨 담고 재료에 밀착되게 랩을 씌운 다음 한 김 식힌다.

9 냉장고에서 하룻밤 재운 **8**을 냄비에 옮겨 담는다.

10 그래뉴당 120g과 레몬즙 1Ts을 넣고 중불로 끓인다.

11 걸쭉해지면 남은 그래뉴당 100g을 넣는다.

12 수분이 날아가고 걸쭉해지면 완성이다. 완성한 잼이 뜨거울 때 병에 담아 충분히 식을 때까지 거꾸로 세워둔다.

블러드오렌지잼

MEMO ● 블러드오렌지를 구할 수 있을 때 만드는 잼이에요.
네이블오렌지도 레시피가 같습니다. 레몬즙의 양은
오렌지의 신맛에 따라 적절히 가감해주세요.
▌만드는 시기▐ 3~4월

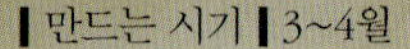

플레인 블러드오렌지잼

재료
유리병(140㎖)…약 8개 분량
1일 차
블러드오렌지…6개(손질 후 900g)
그래뉴당…200g
물…200㎖
2일 차
그래뉴당…340g
레몬즙…2Ts

1 깨끗하게 씻은 블러드오렌지는 물기를 닦아내고 8등분한다. 오렌지 중앙에 있는 흰색심도 제거한다.

2 가로 방향으로 2㎜ 두께가 되도록 얇게 썬다.

3 냄비에 **2**와 그래뉴당 200g을 넣는다.

4 재료를 고루 섞어 중불에 올린다.

5 물 50㎖를 붓는다.

6 중간중간 저으면서 뚜껑을 덮고 10분 정도 끓인다.

7 물 150㎖를 붓고 뚜껑을 닫은 채 끓인다. 껍질이 덜 물러 보이면 30분쯤 뜸을 들인다.

8 껍질이 물컹해지면 불에서 내린다.

9 볼에 옮겨 담고 재료에 밀착되게 랩을 씌운 다음 한 김 식혀 냉장고에 하룻밤 재운다.

10 **9**를 냄비에 옮겨 담고 그래뉴당 200g을 넣는다.

11 블러드 오렌지의 신맛에 따라 레몬즙의 양을 조절한다.

12 걸쭉해질 때까지 중불에서 끓이는 동안 큰 껍질은 잘 뭉개지도록 부엌 가위로 자른다.

13 남은 그래뉴당 140g을 넣고 섞은 후 다시 걸쭉해질 때까지 끓인다.

14 완성한 잼이 뜨거울 때 병에 담아 뚜껑을 닫고 충분히 식을 때까지 거꾸로 세워둔다.

자몽잼

MEMO ● 일본산 자몽으로 만드는 잼.
속이 빨간 루비자몽을 쓰면 색감이
아주 예쁜 잼을 만들 수 있답니다.
┃만드는 시기┃4~6월

허니 자몽잼

재료
유리병(140㎖)…약 5개 분량
1일 차
자몽(루비자몽)…3~4개(과육 500g+껍질 300g)
그래뉴당…200g
2일 차
그래뉴당…120g
레몬즙…1Ts
꿀…70g

1 깨끗하게 씻은 자몽은 물기를 제거하고 껍질을 벗겨 낸다.

2 쪽마다 칼집을 넣어 과육만 분리하는데, 과즙이 떨어지니 밑에 볼을 대고 작업한다.

3 과육을 발라내고 속껍질부분을 손으로 짜서 **2**의 볼에 담는다(과육+즙 500g 기준).

4 중과피를 약간 남기고 모두 제거한다.

5 냄비에 **4**와 물을 넉넉하게 담아 끓이다가 15분 정도 지나면 물을 따라 버린다. 이 과정을 두 번 반복한다.

6 자몽 껍질을 꼬치로 찔러보며 말랑해졌는지 확인한다.

7 말랑해졌으면 체에 건져 물기를 뺀다.

8 밑손질한 껍질의 물기를 닦고 세로 방향으로 폭 1cm가 되게 자른다.

9 자른 껍질을 가로로 놓고 다시 잘게 썬다(300g 기준).

10 냄비에 **3**을 옮겨 담고 **9**를 합친다.

11 그래뉴당 200g을 넣고 중불에서 잘 저으며 끓이다가 과육이 퍼지면 불에서 내린다.

12 볼에 옮겨 담고 재료에 밀착되게 랩을 씌운 다음 한 김 식혀 냉장고에 하룻밤 재운다.

13 **12**를 냄비에 옮겨 담는다.

14 그래뉴당 120g과 레몬즙 1Ts을 넣고 걸쭉해질 때까지 중불에서 끓인다.

15 꿀을 넣고 다시 걸쭉해질 때까지 끓인다.

16 완성한 잼이 뜨거울 때 병에 담아 뚜껑을 닫고 충분히 식을 때까지 거꾸로 세워둔다.

레몬잼

향신료 레몬잼
How to make → p.34

레몬커드
How to make → p.35

향신료 레몬잼

재료
유리병(140㎖)…약 4개 분량
메이어레몬…3개(손질 후 500g)
그래뉴당…250g
물…500㎖
팔각…½개
시나몬 스틱…1개

1 신맛이 적은 메이어레몬(레몬과 오렌지를 접붙인 것: 역주)을 쓰는데, 구하기 쉬운 일반 레몬이어도 된다.

2 레몬을 깨끗이 씻어 물기를 제거하고 양 끝을 자른다.

3 세로로 반을 가르고 레몬 중앙의 흰 부분을 제거한다.

4 레몬을 아주 얇게 저미는데 씨는 남김없이 제거한다.

5 저민 레몬을 반으로 자른다.

6 속살이 붙어 있지 않은 껍질도 얇게 썬다.

7 냄비에 **5**와 **6**, 그래뉴당 250g, 물 500㎖를 넣고 팔각과 시나몬 스틱을 올린다.

8 뚜껑 대신 오븐 시트를 덮어 약불로 40분 정도 끓인 뒤 한 김 식힌다. 한 번 더 끓이고 불에서 내린다. 완성한 잼이 뜨거울 때 병에 담아 뚜껑을 닫고 충분히 식을 때까지 거꾸로 세워둔다.

레몬커드

재료

유리병(140㎖)…약 4개 분량
레몬즙…150㎖
간 레몬 껍질…레몬 2개 분량
달걀…150g
그래뉴당…180g
실온에서 말랑해진 버터…220g

1 볼에 달걀을 깨트려 넣고 거품기로 풀다가 그래뉴당 180g을 넣는다.

2 거품기로 달걀물과 그래뉴당을 잘 혼합한다.

3 레몬즙 150㎖를 더하고 다시 고루 섞는다.

4 레몬 껍질을 그레이터를 사용해 갈아 넣고 뒤섞는다.

5 **4**를 냄비에 옮겨 담고 중불에 올린다.

6 실리콘 주걱으로 계속 저으면서 걸쭉해질 때까지 끓이다가 끓어오르면 불에서 내린다.

7 밑에 볼을 받치고 스테인리스 체에 **6**을 부어 거른다.

8 남은 레몬 껍질을 실리콘 주걱으로 뒤적이며 체에서 내린다.

9 **8**의 볼에 1㎝로 깍둑썰기한 버터를 넣는다.

10 이 재료들을 핸드블렌더로 갈면서 혼합한다.

11 버터가 충분히 섞여 걸쭉해지면 완성이다.

12 뜨거울 때 병에 담아 뚜껑을 꼭 닫는다.

13 충분히 식을 때까지 병을 거꾸로 세워둔다.

루바브잼

플레인 루바브잼 + 초코칩 호밀빵

플레인 루바브잼

재료
유리병(140㎖)…약 8개 분량
1일 차
손질한 루바브 줄기…1.2kg
그래뉴당…250g
2일 차
그래뉴당…500g
레몬즙…2Ts

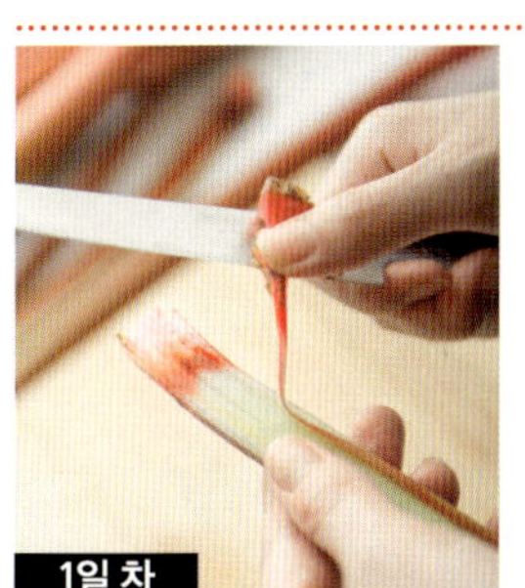

1 씻은 루바브는 물기를 닦고 껍질과 섬유질을 제거한다. 많이 떼어내면 양이 적어지므로 적당히 손질한다.

2 루바브 줄기를 1㎝ 길이로 썬다. 톱니 날로 되어 있는 칼을 사용하면 쉽게 썰 수 있다.

3 냄비에 **2**와 그래뉴당 250g을 넣고 고루 섞는다.

4 실리콘 주걱으로 잘 저으며 루바브가 물컹해질 때까지 중불에서 끓인다.

5 볼에 옮겨 담고 재료에 밀착되게 랩을 씌운 다음 한 김 식혀 냉장고에 하룻밤 재운다.

6 냄비로 옮긴 **5**에 그래뉴당 250g과 레몬즙 2Ts을 넣는다.

7 눌어붙지 않게 거품을 걷으며 졸이는데, 불은 냄비 중앙 부분이 끓어오를 정도가 좋다.

8 걸쭉해지면 남은 그래뉴당 250g을 넣는다.

9 다시 한번 걸쭉해지면서 윤기가 돌면 완성이다.

10 완성한 잼이 뜨거울 때 병에 담아 뚜껑을 닫고 충분히 식을 때까지 거꾸로 세워둔다.

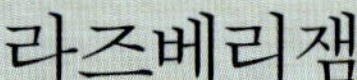

라즈베리잼

MEMO ● 씨가 너무 많으면 맛이 떨어지니 온전한 라즈베리와
시판 퓌레를 섞으면 좋아요. 마지막에 초콜릿을 넣으면
금세 굳어지니 재빨리 병에 담아야 합니다.
┃만드는 시기┃6~9월

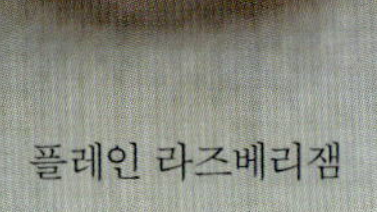

플레인 라즈베리잼

쇼콜라 라즈베리잼

플레인 라즈베리잼
쇼콜라 라즈베리잼

재료
유리병(140㎖)⋯약 6개 분량
1일 차
라즈베리⋯400g
라즈베리퓌레(시판 냉동 제품)⋯600g
그래뉴당⋯200g
2일 차
그래뉴당⋯350g
레몬즙⋯2Ts
제과용 비터 초콜릿⋯80g

플레인 라즈베리잼

1 깨끗이 씻어 물기를 뺀 라즈베리 400g과 해동한 라즈베리 퓌레 600g을 준비한다.

2 냄비에 **1**과 그래뉴당 200g을 넣고 섞어서 중불에 올린다.

3 주걱으로 잘 저으며 끓인다.

4 볼에 옮겨 담고 재료에 밀착되게 랩을 씌운 다음 한 김 식혀 냉장고에 하룻밤 재운다.

5 **4**를 냄비에 옮겨 담는다.

6 그래뉴당 200g과 레몬즙 2Ts을 넣고 고루 섞는다.

7 눌어붙지 않게 젓고 거품을 걷으며 중불로 끓인다.

8 냄비 중앙 부분이 끓어오르면 남은 그래뉴당 150g을 넣고 걸쭉해지면 불에서 내린다.

쇼콜라 라즈베리잼

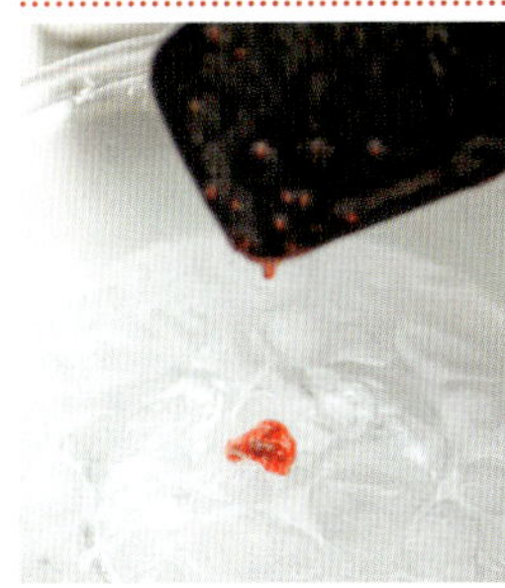

9 볼에 얼음물을 담아 잼 농도를 확인한다. 얼음물에 조금 떨어뜨렸을 때 톡 떨어지면서 덩어리가 지면 적당하다.

10 완성한 잼이 뜨거울 때 병에 담아 뚜껑을 닫고 충분히 식을 때까지 거꾸로 세워둔다.

1 '플레인 라즈베리잼' **8**의 마지막 과정에 제과용 비터 초콜릿 80g을 넣는다.

2 실리콘 주걱으로 잘 저으며 초콜릿을 녹인다.

자두잼

MEMO ● 자두는 여러 품종이 있지만 과즙이 많은 특성상
잼이 약간 묽게 만들어지곤 해요. 견과류를 첨가하면
이런 점이 보완되면서 농도를 맞출 수 있답니다.
┃ 만드는 시기 ┃ 5~10월

헤이즐넛 자두잼 ✚ 버터 ✚ 호밀빵

헤이즐넛 자두잼

재료
유리병(140㎖)…약 6개 분량
1일 차
손질한 자두…1kg
그래뉴당…200g
2일 차
헤이즐넛…120g
그래뉴당…400g
펙틴…6g
레몬즙…1Ts

1 깨끗하게 씻은 자두는 물기를 닦고 손이나 꼬치로 꼭지를 제거한다.

2 자두를 세로 방향으로 4등분하고 씨를 빼내는데, 과즙이 떨어지니 볼을 받치고 작업한다 (1kg 기준).

3 냄비에 **2**를 담고 그래뉴당 200g을 붓는다.

4 실리콘 주걱으로 저으면서 중불로 끓인다.

5 냄비 중앙 부분이 끓고 걸쭉해지면 불에서 내린다.

6 볼에 옮겨 담고 재료에 밀착되게 랩을 씌워 한 김 식힌 다음 냉장고에 하룻밤 재운다.

7 예열한 오븐에 헤이즐넛을 넣고 160℃에서 10~15분 정도 굽는다.

8 구운 헤이즐넛은 알갱이가 씹힐 정도로 굵게 다져둔다.

9 냄비에 **6**을 옮겨 담고, 그래뉴당 200g과 펙틴 6g을 섞어 넣는다.

10 레몬즙 1Ts을 넣고 중불에 올려서 눌어붙지 않도록 계속 저으며 거품을 걷어낸다.

11 냄비 중앙 부분이 끓어오르면 남은 그래뉴당 200g을 넣는다. 거품은 말끔히 걷는다.

12 골고루 윤기가 돌고 걸쭉해지면 불에서 내린다.

13 다져놓은 **8**의 헤이즐넛을 **12**에 넣고 한소끔 끓인다.

14 완성한 잼이 뜨거울 때 병에 담아 뚜껑을 닫는다.

15 충분히 식을 때까지 거꾸로 세워둔다.

체리잼

플레인 체리잼
➡ 장미 체리잼

재료
유리병(140㎖)…약 6개 분량
1일 차
손질한 체리…1kg
그래뉴당…200g
레몬즙…1Ts
2일 차
그래뉴당…300g
펙틴…9g
➡ 말린 장미 꽃잎(허브티용)…약 18장
➡ 플레인 모과젤리 또는 장미 모과젤리(p.76~77)…1병

플레인 체리잼

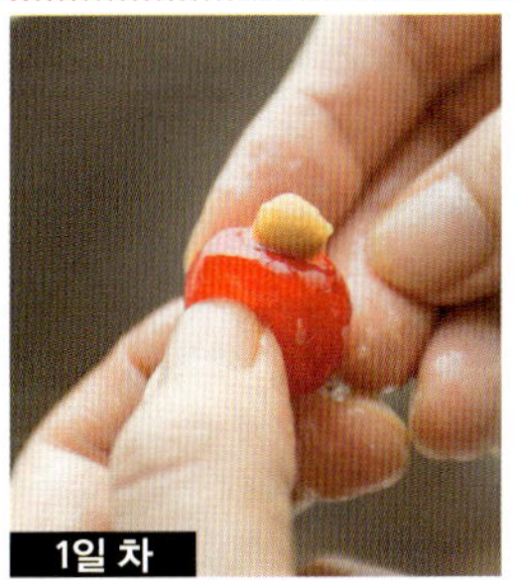

1 씻은 체리는 물기를 없애고 과육이 조각나지 않게 꼭지와 씨를 제거한다(1㎏ 기준).

2 냄비에 **1**과 그래뉴당 200g 을 넣고 고루 섞는다.

3 **2**를 중불에 올려 실리콘 주 걱으로 살살 뒤적이며 끓인다.

4 수분이 생기고 체리가 물컹 해지면 불에서 내린다.

5 볼에 옮겨 담고, 레몬즙이 표면 전체에 배어들게끔 숟가 락으로 조금씩 고루 뿌린다.

6 재료에 밀착되게 랩을 씌우 고 한 김 식혀 냉장고에 하룻밤 재운다.

7 냄비로 옮긴 **6**에 그래뉴당 200g과 펙틴 9g을 섞어 넣는다.

8 냄비 중앙 부분이 끓어오를 정도로 불 조절을 해가며 계속 거품을 걷어낸다.

9 걸쭉해지면 남은 그래뉴당 100g을 넣는다.

10 다시 졸이다가 주글주글했 던 체리 껍질이 부풀어 오르면 완성이다.

11 완성한 잼이 뜨거울 때 병 에 담아 뚜껑을 닫고 충분히 식 을 때까지 거꾸로 세워둔다.

장미 체리잼

1 위의 과정 **7**에서 펙틴을 7g 넣고, **9**에서 그래뉴당 대신 모 과젤리를 넣어 마무리한다.

2 유리병에 장미 꽃잎부터 2~3 장 넣는다.

3 **2**의 병에 **1**을 담고 뚜껑을 닫는다.

4 충분히 식을 때까지 거꾸로 세워둔다. 보관하는 동안 장미 향이 잼에 배어든다.

살구잼

플레인 살구잼

재료
유리병(140㎖)…약 7개 분량
1일 차
손질한 살구…1kg
그래뉴당…300g
레몬즙…2Ts
2일 차
그래뉴당…400g

1 살구를 깨끗하게 씻어 물기를 닦고 꼭지를 제거한다.

2 세로로 반을 갈라 씨를 발라내고 다시 반으로 자른다.

3 변색된 섬유질을 칼로 도려내고 큰 살구는 다시 반으로 자른다(1kg 기준).

4 냄비에 **3**과 그래뉴당 300g을 넣는다.

5 중불로 끓이는데 거품은 걷어내지 않는다.

6 볼에 옮겨 담고, 레몬즙이 표면 전체에 배어들게끔 숟가락으로 조금씩 고루 뿌린다.

7 재료에 밀착되게 랩을 씌우고 한 김 식힌 다음 냉장고에 하룻밤 재운다.

8 냄비에 **7**을 옮겨 담고 그래뉴당 300g을 혼합해서 중불에 올린다.

9 끓이는 동안 눌어붙지 않도록 저으며 거품을 걷어낸다.

10 냄비 중앙 부분이 끓어오르면 남은 그래뉴당 100g을 넣고 다시 졸인다.

11 계속 거품을 걷어내며 끓이다가 윤기가 돌고 농도가 걸쭉해지면 불에서 내린다.

12 완성한 잼이 뜨거울 때 병에 담아 뚜껑을 닫는다.

13 충분히 식을 때까지 병을 거꾸로 세워둔다.

복숭아잼

백후추 백도잼

월계수 백도잼

백후추 백도잼
➜ 월계수 백도잼

재료
유리병(140㎖)…약 6개 분량
1일 차
백도…4개(손질 후 800g)
그래뉴당…200g
레몬즙…1Ts
2일 차
그래뉴당…180~200g
펙틴…6~8g
통 백후추…적당량
➜ 월계수잎…6장

백후추 백도잼

1 복숭아 껍질에 가볍게 칼집을 내고 끓는 물에 살짝 데친다.

2 데친 복숭아를 체로 하나씩 건져내고 준비해둔 얼음물에 담근다.

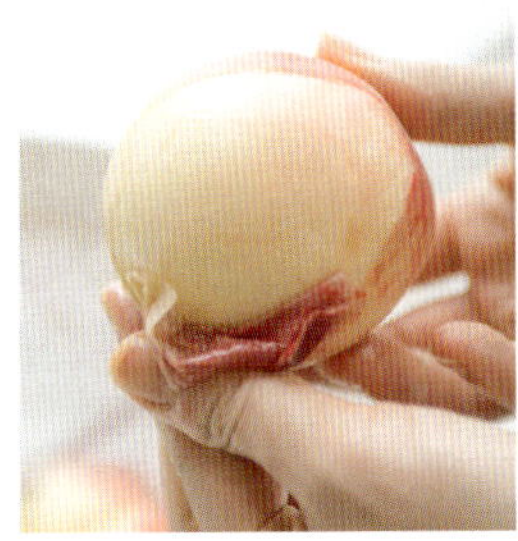

3 칼집 넣은 곳을 찾아 복숭아 속살이 상하지 않게 껍질을 벗긴다.

4 변색을 방지하기 위해 손질한 복숭아를 얼음물에 담갔다가 물기를 뺀다.

5 가로로 빙 돌려 칼집을 넣고 폭이 1㎝가 되도록 세로 방향으로 썰어 씨와 과육을 분리한다. 과즙도 볼에 담는다(과육+과즙 800g 기준).

6 냄비에 **5**를 담고 그래뉴당 200g을 넣는다.

7 중불에서 끓인다.

8 거품을 걷으며 복숭아 살이 투명해지고 말랑해질 때까지 끓인 다음 불에서 내린다.

9 볼에 옮겨 담고, 레몬즙이 표면 전체에 배어들게끔 숟가락으로 조금씩 고루 뿌린다.

10 재료에 밀착되게 랩을 씌우고 한 김 식힌 다음 냉장고에 하룻밤 재운다.

11 냄비에 **10**을 옮겨 담고 그래뉴당 100g에 펙틴 6~8g을 고루 혼합한다.

12 거품을 걷어내며 끓인다.

➜ 월계수 백도잼

13 냄비 중앙 부분이 끓어오르면 남은 그래뉴당 80~100g을 넣고 다시 졸인다.

14 걸쭉해지면 완성이다.

15 병에 백후추를 3알씩 넣고 뜨거울 때 **14**를 담아서 충분히 식힌다.

1 병에 월계수잎을 1장씩 담고, 뜨거울 때 **14**를 채운 다음 뚜껑을 닫고 충분히 식힌다.

블루베리잼
MEMO ● 손질할 게 별로 없는 블루베리로 손쉽게 잼을
만들 수 있어요. 다만 너무 졸이지 않도록 주의합니다.
만드는 시기 6~8월
키르슈 블루베리잼
플레인 블루베리잼
플레인 블루베리잼
키르슈 블루베리잼

플레인 블루베리잼

1 블루베리는 깨끗이 씻어 물기를 닦고 꼭지를 제거한다.

2 냄비에 **1**을 담고 그래뉴당 200g을 넣는다.

3 약불에 냄비를 올리고 고루 섞는다.

4 열매가 갈라지면서 과즙이 나오려면 시간이 걸리니 중간에 눌어붙지 않게 조심한다.

5 블루베리 표면이 부풀어 오를 때까지 중불로 끓인다.

6 볼에 옮겨 담고 재료에 밀착되게 랩을 씌운 다음 한 김 식혀 냉장고에 하룻밤 재운다.

7 냄비에 **6**을 옮겨 담고 그래뉴당 200g과 레몬즙 2Ts을 더한 후 거품을 걷으며 끓인다.

8 냄비 중앙 부분이 끓어오르면 남은 그래뉴당 200g을 넣고 3분 정도 팔팔 끓인다. 이때 과하게 졸이지 않도록 주의한다.

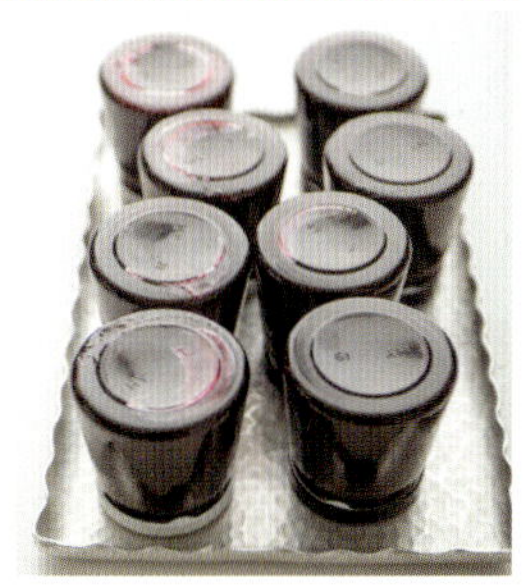

9 완성한 잼이 뜨거울 때 병에 담아 뚜껑을 닫고 충분히 식을 때까지 거꾸로 세워둔다.

플레인 블루베리잼 + 크림치즈샌드위치

키르슈 블루베리잼

1 '플레인 블루베리잼' 과정 **8**의 마지막에 키르슈바서를 고루 섞는다.

무화과잼

MEMO ● 프랑스 품종으로 유명한 흑무화과로 잼을 만들면 색다른 맛을 느낄 수 있어요.
자칫 맛이 단조로울 수 있으니 리큐어나 견과류로 변화를 줍니다. 무화과잼은
단맛이 강하므로 캐러멜의 쌉쌀한 맛을 더해줘도 잘 어울려요.

┃만드는 시기┃8~9월

플레인 무화과잼

재료
유리병(140㎖)…약 6개 분량
1일 차
무화과…약 8개(손질 후 600g)
그래뉴당…100g
2일 차
그래뉴당…150g
레몬즙…20㎖

1일 차

1 무화과 상태를 살펴보고 밑동에 곰팡이가 피었으면 큼직하게 도려낸다.

2 깨끗하게 씻어 물기를 닦고 무화과의 꼭지 부분을 잘라낸 다음 세로로 반을 가른다.

3 껍질째 5㎜ 두께로 썬다. 단단한 무화과라라면 껍질을 벗겨낸다(600g 기준).

4 냄비에 손질한 **3**을 담고 그래뉴당 100g을 섞는다.

5 중불에서 실리콘 주걱으로 내용물을 잘 저어가며 끓인다.

6 볼에 옮겨 담고 재료에 밀착되게 랩을 씌운 다음 한 김 식혀 냉장고에 하룻밤 재운다.

2일 차

7 냄비에 **6**을 옮겨 담고 그래뉴당 100g을 고루 섞는다.

8 레몬즙 20㎖를 넣고 눌어붙지 않도록 저으면서 거품을 걷어내며 중불로 끓인다.

9 냄비 중앙 부분이 끓어오르면 남은 그래뉴당 50g을 넣고 다시 끓어오를 때까지 졸인다.

10 내용물이 걸쭉해지면 불에서 내린다.

11 완성한 잼이 뜨거울 때 병에 담아 뚜껑을 닫는다.

12 충분히 식을 때까지 거꾸로 세워둔다.

캐러멜 무화과잼
캐러멜&견과류 무화과잼

재료
유리병(140㎖)…약 6개 분량
1일 차
무화과…약 12개(손질 후 900g)
그래뉴당…150g
2일 차
캐러멜용 그래뉴당…150g
뜨거운 물…50㎖
레몬즙…2Ts
그래뉴당…150g
호두…80g
키르슈바서 또는 럼주…1~2Ts

캐러멜 무화과잼

1 '플레인 무화과잼'(p.51 과정 1~6)을 참조하여 무화과를 끓인다. 볼에 옮겨 담고 한 김 식혀 냉장고에 하룻밤 재운다.

2 동냄비에 캐러멜용 그래뉴당 150g을 넣고 중불로 녹이면서 짙은 캐러멜색이 날 때까지 가열한 다음 불에서 내린다.

3 뜨거운물을 세번에 나눠넣으며 캐러멜을 녹인다.

4 **3**에 밑작업한 **1**의 무화과를 넣고 섞는다.

5 레몬즙 2Ts을 넣어준다.

6 그래뉴당 150g을 넣고 잘 저으면서 중불로 끓인다.

7 주걱으로 저었을 때 한순간 냄비 바닥이 보일 정도로 걸쭉해지면 불에서 내린다.

8 완성한 잼이 뜨거울 때 병에 담아 뚜껑을 닫고 충분히 식을 때까지 거꾸로 세워둔다.

🥄 캐러멜&견과류 무화과잼

1 예열한 오븐에 호두를 넣고 160℃에서 15분 정도 굽는다.

2 구운 호두 겉면의 얇은 껍질을 깨끗이 제거한다.

3 손질한 호두를 굵게 다진다.

4 위의 과정 **7**의 마무리 단계에 다진 호두를 넣고 끓인다.

5 키르슈바서 또는 럼주를 넣고 끓인 다음 불에서 내린다.

6 완성한 잼이 뜨거울 때 병에 담아 충분히 식힌다.

서양자두잼

MEMO ● 서양자두는 품종이 다양해서 이것저것 시도해보는 재미가 있답니다.
향신료를 가미한 서양자두잼은 과일케이크를 만드는 데도 활용하기 좋아요.
▌만드는 시기 ▌7~9월

플레인 서양자두잼

향신료 서양자두잼

플레인 서양자두잼

재료
유리병(140㎖)…약 6개 분량
1일 차
손질한 서양자두…900g
그래뉴당…200g
물…50㎖
2일 차
그래뉴당…250g
레몬즙…2Ts
─● 믹스드 스파이스 파우더…½ts
─● 시나몬 스틱…적당량

플레인 서양자두잼

1 씻은 서양자두의 물기를 닦은 다음 꼭지를 떼고 가로 방향으로 반 갈라 씨를 제거한다.

2 손질한 서양자두를 다시 세로로 2~3등분한다.

3 과육 안쪽에 자리 잡은 하얀 섬유질도 칼로 제거한다(과즙 포함 900g 기준).

4 냄비에 **3**을 담고 그래뉴당 200g을 섞는다.

5 물 50㎖를 붓고 뚜껑을 닫은 채 중불로 10분쯤 끓인다. 눌어붙지 않게 젓다가 자두가 말랑해지면 불에서 내린다.

6 볼에 옮겨 담고 재료에 밀착되게 랩을 씌운 다음 한 김 식혀 냉장고에 하룻밤 재운다.

7 냄비에 **6**과 그래뉴당 150g, 레몬즙 2Ts을 넣어 중불로 끓인다. 저으며 거품을 없앤다.

8 냄비 중앙 부분이 끓어오르면 나머지 그래뉴당 100g을 넣고 다시 졸인다.

9 거품을 계속해서 걷어내다가 윤기가 돌면 완성이다.

10 완성한 잼이 뜨거울 때 병에 담아 뚜껑을 닫고 충분히 식을 때까지 거꾸로 세워둔다.

─● 향신료 서양자두잼

1 위의 과정 **9**의 마지막에 믹스드 스파이스 파우더를 섞고 한소끔 끓인다.

2 시나몬 스틱을 잘라 병에 담고 **1**을 채워 넣는다.

포도잼

 ● 집에서 직접 만들어볼 만한 가치가 있는 잼이에요. 와인을 넣는다면
검은 포도에는 레드와인을, 녹색 포도에는 화이트와인을 매치합니다.
▌만드는 시기 ▌8~9월

포도잼 플레인 포도잼
How to make → p.58

화이트와인 포도잼
How to make → p.59

플레인 포도잼

재료
유리병(140㎖)…약 5개 분량
1일 차
포도(나가노 퍼플 품종처럼 껍질이 까맣고 씨 없는 포도)…2송이(손질 후 900g)
그래뉴당…200g
2일 차
그래뉴당…200g
펙틴…15g
레몬즙…1Ts

1 깨끗이 씻은 포도송이는 알을 하나씩 떼어낸다.

2 한 알씩 껍질을 벗긴다. 껍질이 잘 벗겨지지 않으면 과도를 이용한다.

3 씨가 있는 포도는 클립을 S자 모양으로 펴서 제거한다(과즙 포함 900g 기준).

4 냄비에 손질한 포도와 그래뉴당 200g을 넣고 뚜껑을 덮어 중불에 올린다.

5 그래뉴당이 녹으면 주걱으로 부드럽게 젓는다.

6 다시 뚜껑을 덮은 상태로 과육이 부풀어 오르고 말랑해질 때까지 끓이다 불에서 내린다.

7 볼에 옮겨 담고 재료에 밀착되게 랩을 씌운 다음 한 김 식혀 냉장고에 하룻밤 재운다.

8 냄비에 7을 옮기고 그래뉴당 100g에 펙틴 15g을 섞어 넣어준다.

9 그래뉴당이 녹으면 레몬즙 1Ts을 넣는다.

10 떠오르는 거품을 걷어내면서 냄비 중앙 부분이 끓어오를 때까지 끓인다.

11 남은 그래뉴당 100g을 넣고 끓어오를 때까지 졸인다.

12 농도가 걸쭉해지고 포도알이 하얘지면 완성이다.

13 완성한 잼이 뜨거울 때 병에 담아 뚜껑을 닫고 충분히 식을 때까지 거꾸로 세워둔다.

화이트와인 포도잼

재료
유리병(140㎖)…약 5개 분량
1일 차
포도(샤인 머스캣 품종처럼 껍질이 녹색이며 씨 없는 포도)…2송이(손질 후 900g)
그래뉴당…200g
2일 차
그래뉴당…200g
펙틴…15g
레몬즙…1Ts
화이트와인…100㎖

1 깨끗이 씻은 포도송이는 알을 하나씩 떼어낸다.

2 한 알씩 껍질을 벗긴다.

3 포도알을 세로로 반 가른다 (과즙 포함 900g 기준).

4 냄비에 **3**과 그래뉴당 200g 을 섞고 중불에 올린다. 과육이 단단하면 뚜껑을 덮고 끓인다.

5 과육이 부풀어 오르고 말랑 해질 때까지 중불로 끓이다 불 에서 내린다.

6 볼에 옮겨 담고 재료에 밀착 되게 랩을 씌운 다음 한 김 식혀 냉장고에 하룻밤 재운다.

7 냄비에 **6**을 옮겨 담고 그래 뉴당 100g과 펙틴 15g을 섞어 넣어준다.

8 레몬즙 1Ts을 넣어 잘 섞고 중불에 올린 다음 화이트와인 을 첨가한다.

9 거품을 걷어내면서 냄비 중 앙 부분이 보글보글 올라올 때 까지 끓인다.

10 남은 그래뉴당 100g을 넣 고 끓어오를 때까지 졸인다.

11 농도가 걸쭉해지고 포도알 이 하얘지면 완성이다.

12 완성한 잼이 뜨거울 때 병 에 담아 뚜껑을 닫는다.

13 충분히 식을 때까지 거꾸 로 세워둔다.

밤잼

MEMO  밤잼은 눌어붙기 쉬우니 끓일 때 주의해야 해요.
다른 잼에 비해 쉽게 상하는데 럼주를 추가하면 이를 보완할 수 있습니다.
밤잼은 밤으로 만든 대표 디저트인 몽블랑과 비슷한 맛이 난답니다.
▌만드는 시기 ▌9~10월

럼주를 넣은 밤잼, 바닐라 밤잼 + 두꺼운 버터토스트

럼주를 넣은 밤잼

바닐라 밤잼

재료
유리병(140㎖)…약 7개 분량
밤…1kg(손질 후 600g)
그래뉴당…300g
물…300㎖
럼주…1~2Ts
바닐라 빈…½개

1 냄비에 밤을 담고 충분한 물(분량 외)을 부어서 중불로 끓인다. 물이 끓어오르면 불을 약하게 줄여 30~50분 삶는다.

2 삶은 밤은 채반에 건져 한 김 식히고 반으로 가른다.

3 찻숟가락을 이용해 속을 파내는데, 보늬가 들어가면 골라낸다(손질 후 600g 기준).

4 냄비에 **3**과 그래뉴당 200g, 물 300㎖를 담고 불에 올린다.

5 냄비에 눌어붙지 않게 저으며 약불에 끓인다. 보늬가 보이면 바로바로 건져낸다.

6 거품을 걷어내면서 걸쭉해질 때까지 끓인다.

7 주걱으로 저었을 때 냄비 바닥이 한순간 보일 정도로 걸쭉해지면 나머지 그래뉴당 100g을 넣는다.

8 냄비 중앙 부분이 끓어오를 정도로 끓이다 다시 저었을 때 한순간 냄비 바닥이 보일 정도로 걸쭉해지면 불에서 내린다.

9 럼주를 넣고 잘 섞는다.

10 잼이 뜨거울 때 병에 담아 충분히 식을 때까지 거꾸로 세워둔다. 식으면서 바로 굳으므로 신속하게 병에 채운다.

바닐라 밤잼

1 바닐라 빈에 세로 방향으로 칼집을 넣어 씨를 긁어낸다. 꼬투리는 가늘게 썰어서 병에 들어갈 길이로 자른다.

2 위의 과정 **9**에서 럼주 대신 바닐라 씨와 꼬투리를 넣고 한소끔 끓여 불에서 내린다.

3 완성한 잼이 뜨거울 때 병에 담아 뚜껑을 닫고 충분히 식을 때까지 거꾸로 세워둔다.

서양배잼

MEMO ● 알맞게 익은 서양배를 사용하는 것이 포인트. 카더멈을 넣으면 보관하는 동안 풍미
가 가득 퍼지면서 오래 둘수록 개성적인 맛이 살아납니다. 타르트 타탕(사과 슬라이스에 버터와
설탕을 뿌리고 반죽을 덧씌워 오븐에 구운 프랑스식 타르트: 역주) 느낌의 잼을 만들고 싶다면 압력솥
을 활용해보세요. 서양배의 과즙과 캐러멜이 어우러진 우아한 맛을 즐길 수 있답니다.
▌만드는 시기 ▌9~12월

카더멈 서양배잼

플레인 서양배잼

플레인 서양배잼
카더멈 서양배잼

재료

유리병(140㎖)…약 4개 분량

1일 차

서양배…2~3개(손질 후 600g)

그래뉴당…100g

레몬즙…1Ts

2일 차

그래뉴당…200g

펙틴…3g

카더멈…4~6알

플레인 서양배잼

1일 차

1　서양배는 꼭지를 떼고 4~6 조각으로 썰어 씨와 심을 제거하고 껍질을 벗긴다.

2　세로 방향으로 3mm 두께로 자르고 다시 가로로 뉘어 굵게 채 썬다(손질 후 600g 기준).

3　냄비에 **2**와 그래뉴당 100g 을 넣고 중불에서 뒤섞어가며 끓인다.

4　볼에 옮겨담고, 레몬즙이 표면 전체에 배어들게끔 숟가락으로 고루 뿌린다.

5　재료에 밀착되게 랩을 씌워 한 김 식힌 다음 냉장고에 하룻밤 재운다.

2일 차

6　냄비에 **5**를 붓고 그래뉴당 100g과 펙틴 3g을 섞어준다.

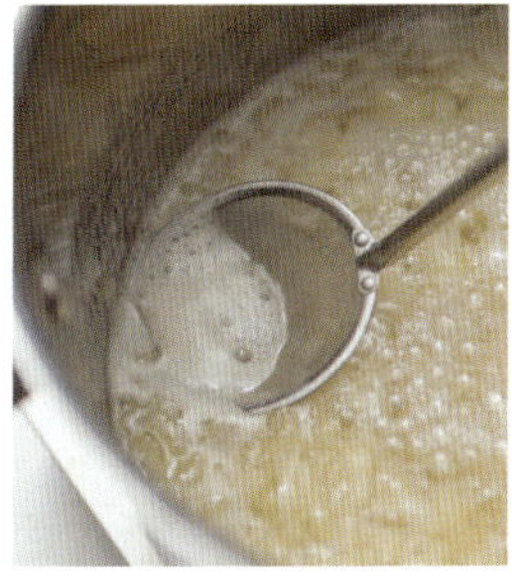

7　눌어붙지 않도록 젓고 거품을 제거하며 중불로 끓인다.

8　끓어오르면 3~5분 더 졸이고 남은 그래뉴당 100g을 넣는다. 거품을 걷으며 계속 끓인다.

9　완성한 잼이 뜨거울 때 병에 담아 뚜껑을 닫고 충분히 식을 때까지 거꾸로 세워둔다.

카더멈 서양배잼

1　병 바닥으로 카더멈을 으깨 병 속에 넣는다.

2　완성된 '플레인 서양배잼'을 병에 채운다.

타탱풍 서양배잼 + 바닐라아이스크림

타탕풍 서양배잼

재료

유리병(140㎖)…약 4개 분량

1일 차

서양배…2∼3개(손질 후 600g)

캐러멜용 그래뉴당…200g

뜨거운 물…100㎖

2일 차

그래뉴당…150g

펙틴…4g

레몬즙…1Ts

바닐라 빈…½∼1개

1 서양배는 꼭지를 떼고 4~6 조각으로 썰어 씨와 심을 바르고 껍질을 깎는다(손질 후 600g 기준).

2 동냄비에 캐러멜용 그래뉴당을 넣고 중불로 녹이다가 진한 캐러멜색으로 변하면 불에서 내린다. 캐러멜은 뜨거운 물을 세 번에 나눠 부으면서 녹인다.

3 2에 손질한 서양배를 넣고 섞는다. 이때 냄비 바닥에 캐러멜이 굳어 있다면 다시 녹인다.

4 압력솥으로 옮겨 중불로 끓이다가 압력 표시바가 올라오면 불을 약하게 줄여 2분 더 끓인다. 불을 끈 다음 압력이 내려갈 때까지 둔다.

5 압력솥 뚜껑을 열고 건더기와 국물을 볼에 옮겨 담는다.

6 랩을 씌워 한 김 식힌 다음 냉장고에 넣고 서양배에 캐러멜 맛이 배도록 하룻밤 재운다.

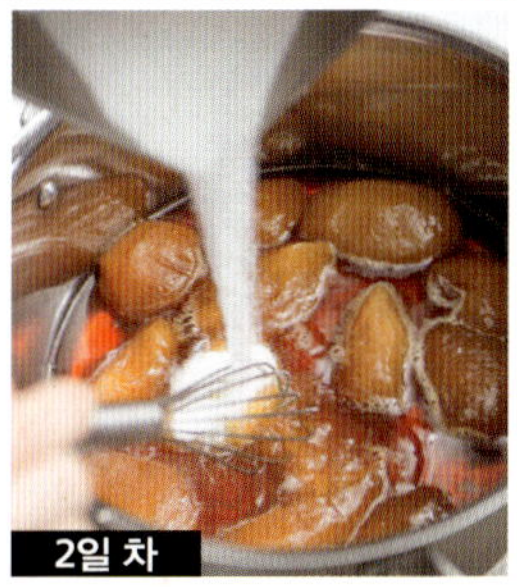

7 냄비에 **6**과 그래뉴당 100g +펙틴 4g, 레몬즙 1Ts을 순서대로 넣는다.

8 약간 걸쭉해질 때까지 중불로 끓인다. 원하는 크기에 맞춰 주걱으로 서양배를 으깬다.

9 마지막으로 그래뉴당 50g을 붓고 저어가며 걸쭉해질 때까지 졸인 다음 불에서 내린다.

10 바닐라 빈에 세로로 칼집을 넣어 씨를 긁어낸다. 꼬투리는 가늘게 썰어 적당히 자른다.

11 **10**의 바닐라 씨와 꼬투리를 **9**에 넣고 한소끔 끓인 다음 불에서 내린다.

12 완성한 잼이 뜨거울 때 병에 담아 뚜껑을 닫고 충분히 식을 때까지 거꾸로 세워둔다.

사과잼

MEMO ● 우리 주변에서 흔히 볼 수 있는 사과를
맛있게 졸이는 비결은 바로 수분 조절에 달려 있어요.
여기에 사과를 자르는 방법에 변화를 주어도 맛이 색다르답니다.
평범한 사과잼이라도 칼바도스를 넣는 순간 깊은 맛을 낼 수 있어요.
제철이 비슷한 금귤 역시 사과잼에 잘 어울리는 재료랍니다.
▌만드는 시기 ▌10~11월

플레인 사과잼 ✚ 워시치즈

플레인 사과잼
How to make → p.68

캐러멜 사과잼
How to make → p.69

플레인 사과잼

재료

유리병(140㎖)…약 5개 분량

1일 차

사과(추천 품종: 홍옥)…3개(손질 후 600g)

그래뉴당…100g

물…150㎖

2일 차

그래뉴당…170g

레몬즙…1Ts

간 레몬 껍질…레몬 1개 분량

1 4등분한 사과의 씨와 심을 도려낸 다음 다시 세로로 반씩 가르고 껍질을 깎는다.

2 잘라놓은 사과를 두께 3㎜ 정도로 얇게 썰어 준비한다(손질후 600g 기준).

3 냄비에 **2**와 그래뉴당 100g, 물 150㎖를 넣는다.

4 사과가 투명해지면서 말랑 거릴 때까지 중불에서 저어가 며 끓인다.

5 볼에 옮겨 담고 재료에 밀착 되게 랩을 씌운 다음 한 김 식혀 냉장고에 하룻밤 재운다.

6 냄비에 **5**를 옮겨 담는다.

7 그래뉴당 100g과 레몬즙 1Ts을 넣는다.

8 계속 젓다가 냄비 중앙 부분 이 끓어오르면 거품을 걷어내 고 3~5분 정도 더 끓인다.

9 남아 있는 그래뉴당 70g을 넣고 수분이 약간만 남을 때까 지 졸이다 불에서 내린다.

10 그레이터를 사용해 레몬 껍 질을 갈아 넣고 한소끔 끓인다.

11 완성한 잼이 뜨거울 때 병 에 담아 뚜껑을 닫고 충분히 식 을 때까지 거꾸로 세워둔다.

캐러멜 사과잼

1일 차

1 4등분한 사과는 씨와 심을 발라내고 껍질을 깎아서 세로로 얇게 썬다. 다시 가로로 채썰기 한다(손질 후 600g 기준).

2 동냄비에 캐러멜용 그래뉴당 200g을 넣고 중불로 녹이다가 진한 캐러멜색이 나면 불에서 내린다.

3 뜨거운 물을 세번에 나눠부으며 캐러멜을 녹인다.

4 캐러멜의 거품이 사그라들면 손질해둔 **1**의 사과를 넣고 중불에 올려 말캉해질 때까지 끓인다.

5 불을 끄고 내용물을 볼에 옮겨담는다.

6 재료에 밀착되게 랩을 씌워 한 김 식힌 다음 냉장고에 하룻밤 재운다.

2일 차

7 냄비로 옮긴 **6**에 그래뉴당 150g과 레몬즙 1Ts을 넣는다.

8 냄비를 중불에 올리고 거품을 걷어내면서 3분쯤 졸인다.

9 농도가 걸쭉해지고 윤기가 돌면 완성이다.

10 완성한 잼이 뜨거울 때 병에 담아 뚜껑을 닫고 충분히 식을 때까지 거꾸로 세워둔다.

칼바도스를 넣은 타탕풍 사과잼
─● 금귤을 넣은 타탕풍 사과잼

재료
유리병(140㎖)…약 6개 분량
1일 차
사과(추천 품종: 홍옥)…3개(손질 후 600g)
캐러멜용 그래뉴당…200g
뜨거운 물…100㎖
2일 차
그래뉴당…150g
레몬즙…1Ts
칼바도스…2Ts
─● 금귤…100g

칼바도스를 넣은 타탕풍 사과잼

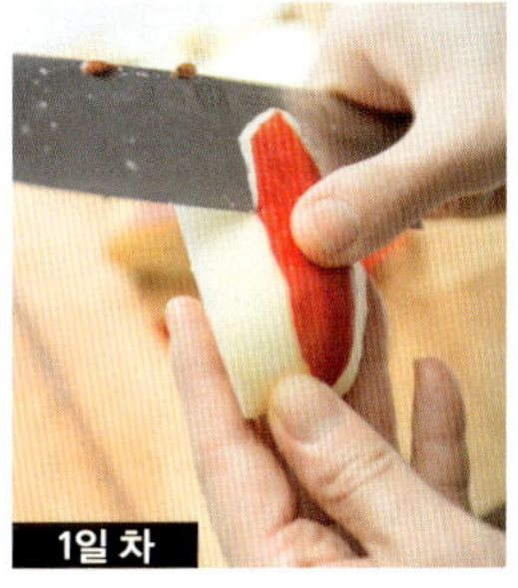

1 4등분한 사과는 씨와 심을 발라내고 껍질을 깎는다(손질 후 600g 기준).

2 동냄비에 캐러멜용 그래뉴당을 넣고 중불로 녹이다가 진한 캐러멜색이 되면 불에서 내린다.

3 뜨거운물을 세 번에 나누어 부으며 캐러멜을 녹인다.

4 캐러멜의 거품이 사그라지면 **1**을 섞고 중불에 3분 정도 올려 바닥에 깔린 캐러멜을 녹인다.

5 압력솥에 옮겨 중불로 끓이다 압력 표시바가 올라오면 불을 약하게 해 2분 더 끓인다.

6 불을 끄고 압력이 내려갈 때까지 두었다가 압력이 빠지면 건더기와 국물을 옮겨 담는다.

7 랩을 씌워 한 김 식힌 다음 사과에 캐러멜 맛이 배도록 냉장고에서 하룻밤 재운다.

8 냄비에 **7**을 옮겨 담고 그래뉴당 150g과 레몬즙 1Ts을 넣는다.

9 약간 걸쭉해질 때까지 중불로 졸인다. 적당한 크기로 사과를 으깨면서 거품을 걷어낸다.

10 칼바도스 2Ts를 넣고 고루 섞어준다.

11 완성한 잼이 뜨거울 때 병에 담아 뚜껑을 닫고 충분히 식을 때까지 거꾸로 세워둔다.

🥄 금귤을 넣은 타탕풍 사과잼

1 4등분한 금귤은 씨를 발라낸 뒤 분량 외의 물 3Ts과 그래뉴당 30g을 넣고 끓인다.

2 위의 과정 **10**에서 칼바도스 대신 금귤이 부드러워질 때까지 끓인 **1**을 넣는다.

3 잼의 농도가 걸쭉해지고 윤기가 돌 때까지 졸이면 완성.

금귤잼

MEMO ● 씨를 제거하는 과정이 조금 번거롭긴 하지만
금귤을 좋아하지 않는 사람도 반하게 할 만큼 맛있는 잼이에요.
금귤이 말랑해지도록 끓이는 과정에서 물 대신 홍차 우린 물을
넣으면 색다른 맛을 낼 수 있답니다.
패션프루트를 넣은 금귤잼은
크리스틴 페흐베흐 선생님이
귀띔해준 아이디어예요.
▌만드는 시기 ▌12~1월

홍차 금귤잼

플레인 금귤잼

플레인 금귤잼
━● 홍차 금귤잼

재료
유리병(140㎖)…약 6개 분량
1일 차
금귤…1kg
그래뉴당…200g
물…100~150㎖
2일 차
그래뉴당…250g
레몬즙…1Ts
━● 홍차(아쌈처럼 밀크티에 어울리는 진한 홍차)…100~150㎖
━● 사탕수수당(선택)…100g

플레인 금귤잼

1 금귤을 깨끗이 씻어 물기를 닦고 꼭지를 제거한다.

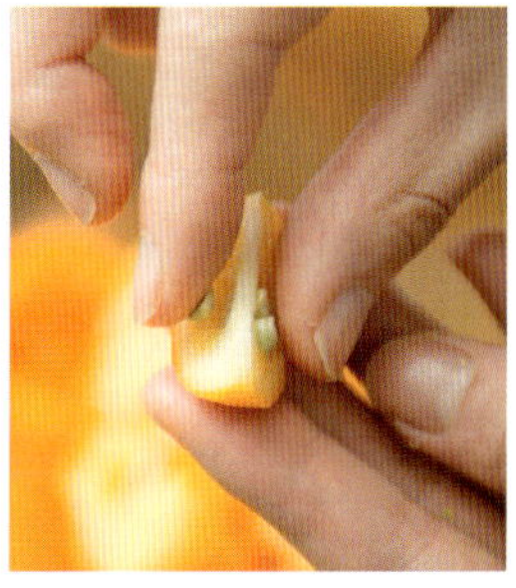

2 세로로 4등분하고 씨를 발라내 준비한다.

3 냄비에 **2**와 그래뉴당 200g, 물 50㎖를 넣고 뚜껑을 닫아 중불에 올린다. 끓어오르면 5분 더 끓인다.

4 수분량을 확인하며 금귤이 잠길 듯 말 듯 물을 붓는다.

5 금귤이 살짝 말랑해지고 윤기가 돌 때까지 끓이다가 씨가 보이면 건져낸다.

6 내용물을 볼에 옮겨 담는다.

7 재료에 밀착되게 랩을 씌워 한 김 식힌 다음 냉장고에 하룻밤 재운다.

8 냄비에 **7**, 그래뉴당 150g, 레몬즙 1Ts을 넣고 중불에 올린다. 끓어오르면 3~5분 졸인다.

9 나머지 그래뉴당 100g을 넣고 끓어오르면 2~3분 더 졸인 후 불에서 내린다.

━● 홍차 금귤잼

10 완성한 잼이 뜨거울 때 병에 담아 뚜껑을 닫고 충분히 식을 때까지 거꾸로 세워둔다.

1 위의 과정 **3**에 홍차 50㎖를 넣고, 과정 **4**에서도 물 대신 남은 홍차를 넣는다.

2 그래뉴당 150g을 넣고, 위의 과정 **9**에 그래뉴당 대신 사탕수수당 100g을 넣는다.

3 연하게 홍차색이 감돌면 완성이다. 잼이 뜨거울 때 병에 담아 충분히 식힌다.

패션프루트 금귤잼 ✛ 버터 ✛ 팽 드 캉파뉴

패션프루트 금귤잼

재료

유리병(140㎖)…약 7개 분량

1일 차

금귤…1kg

그래뉴당…200g

물…100~150㎖

2일 차

패션프루트…1개

그래뉴당…300g

레몬즙…1Ts

※패션프루트의 제철인 6~8월에 넉넉히 구매
해서 속을 파내고 냉동 보관해두면 활용하기
좋다.(반면 국산 패션프루트는 1년에 두 번 수확하
므로 보통 1~3월 또는 7~9월쯤 구할 수 있다: 역주)

1 금귤을 깨끗이 씻어 물기를
제거하고 꼭지를 딴다.

2 준비한 금귤을 세로로 4등
분하고 씨를 제거한다.

3 냄비에 **2**와 그래뉴당 200g,
물 50㎖(패션프루트 과즙도 가능)
를 넣고 뚜껑을 덮어서 중불에
올린다. 끓어오르면 5분 더 끓
인다.

4 금귤이 잠길듯 말듯 물을 붓
는다. 금귤이 살짝 말랑해지고
윤기가 돌 때까지 계속 끓인다.

5 내용물을 볼에 옮겨 담는다.

6 재료에 밀착되게 랩을 씌워
한 김 식힌 다음 냉장고에 하룻
밤 재운다.

7 패션프루트를 반으로 갈라
숟가락으로 속을 파낸 뒤 체에
내려 과즙과 씨를 분리한다.

8 냄비에 **6**을 옮기고 그래뉴
당 150g, 레몬즙 1Ts, **7**의 과즙
을 넣어서 중불에 올린다. 끓어
오르면 3~5분 더 졸인다.

9 그래뉴당 150g을 넣고 끓
어오르면 2~3분 더 졸인다.

10 마무리 단계에서 손질해둔
패션프루트 씨를 넣는다.

11 잘 저어주며 한소끔 끓이고
불에서 내린다.

12 완성한 잼이 뜨거울 때 병
에 담아 뚜껑을 닫고 충분히 식
을 때까지 거꾸로 세워둔다.

모과젤리

MEMO ● 탁한 모과 진액도 그래뉴당과 레몬을 더해 거품을 걷어내며 끓이다 보면 핑크색 젤리로 변신합니다.
말린 장미 꽃잎을 잼을 담은 병에 넣으면 보관하는 동안 꽃잎이 예쁘게 벌어지고 장미색도 배어나요.
또한 모과는 향신료와도 아주 잘 어울려요. 모과로 젤리를 만들려면 모과 중량의 2.5배로 물을 잡습니다.
마르멜루모과(퀸스)는 표면에 난 솜털을 행주로 닦고 물로 세척해야 한다는 점 잊지 마세요.
❙만드는 시기❙ 10~11월

플레인 모과젤리
How to make → p.78~79

장미 모과젤리

향신료 모과젤리

장미 모과젤리
향신료 모과젤리
How to make → p.78~79

플레인 모과젤리
● 장미 모과젤리
● 향신료 모과젤리

재료
유리병(140㎖)…약 6개 분량
1일 차
모과…3개(약 1kg)
물…2.5ℓ
2일 차
그래뉴당…840g
펙틴…24g(모과 진액 1.2ℓ에 필요한 양)
레몬즙…40㎖
● 말린 장미 꽃잎(허브티용)…약 12장
● 시나몬 파우더…1ts
● 믹스드 스파이스 파우더…1ts
● 간 레몬 껍질…레몬 1개 분량

플레인 모과젤리

1 모과는 깨끗이 씻어 껍질과 심, 씨를 제거하지 말고 가로로 반 자른 다음 4~8조각으로 큼직하게 썬다.

2 중불에 올린 냄비에 **1**과 물 2.5ℓ를 붓고 끓으면 뚜껑을 덮은 채로 불을 약하게 줄여 2시간 더 끓인다.

3 냄비째 한 김 식혀 하룻밤 재운다.

4 **3**의 건더기를 체로 건져내고 모과 국물(진액)의 양을 잰다(1.2ℓ 기준). 이때 건더기는 사용하지 않는다.

5 **4**의 모과 진액을 냄비에 붓고 그래뉴당 340g을 넣는다.

6 눌어붙지 않도록 젓다가 거품을 걷어내면서 중불로 15분 정도 더 끓인다.

7 그래뉴당 250g에 펙틴 24g을 고루 섞는다.

8 **6**의 냄비에 **7**을 섞을 때 펙틴이 덩어리지지 않도록 거품기로 잘 젓는다.

9 중간중간 거품을 걷어내며 10분 정도 끓인다.

10 레몬즙 40㎖을 넣고 고루 섞는다.

11 계속 저으면서 떠오르는 거품이나 불순물을 건져낸다.

12 나머지 그래뉴당 250g을 넣으며 거품기로 잘 젓는다.

13 주걱으로 내용물을 저으면서 10분 정도 끓인다.

14 하얀 거품이 떠오르면 농도가 걸쭉하다는 신호다.

15 떠오르는 거품을 말끔히 제거한다.

16 완성한 젤리가 뜨거울 때 병에 담아 충분히 식힌다.

⬤ 장미 모과젤리

1 맨 먼저 병 속에다 장미 꽃잎을 1~2장씩 넣는다.

2 **16**의 젤리가 뜨거울 때 병에 담아 충분히 식힌다.

⬤ 향신료 모과젤리

1 위의 과정 **15**에서 거품을 걷은 후 시나몬 파우더와 믹스드 스파이스 파우더를 넣는다.

2 향신료가 잘 녹도록 거품기로 저으며 끓인다.

3 그레이터로 레몬 껍질을 갈아 넣고 한소끔 끓인다.

4 완성한 젤리가 뜨거울 때 병에 담아 뚜껑을 닫고 충분히 식을 때까지 거꾸로 세워둔다.

유자잼

MEMO ● 유자의 계절이 돌아오면 잊지 않고 항상 만드는 잼입니다.
뜨거운 물을 부어 차로 즐기면 향이 아주 그만이에요.
그래뉴당의 양은 유자 중량의 60%가 적당해요.
┃만드는 시기 ┃12~1월

플레인 유자잼

재료
유리병(140㎖)…약 4개 분량
1일 차
큰 유자…6개(손질 후 500g)
그래뉴당…100g
물…100㎖
2일 차
그래뉴당…200g

1 유자를 깨끗이 씻어 가로로 반 자르고 속을 파낸다.

2 유자 껍질을 5~6등분한 다음 중과피를 베어낸다.

3 유자 껍질을 폭 2㎝로 잘라서 가늘게 채 썬다.

4 냄비에 넉넉한 물(분량 외)과 **3**을 담고 중불에 올린 다음 끓어오르면 1분 정도 더 데친다.

5 유자 껍질은 금방 말랑해지므로 살짝 데치고 바로 체에 밭쳐 물기를 뺀다.

6 **1**의 파낸 속에서 흰 힘줄과 씨를 골라내는데, 속껍질은 굳이 제거하지 않아도 된다.

7 볼에 **6**을 담고 **5**의 밑작업한 껍질을 더해 무게를 잰다 (500g 기준).

8 냄비에 **7**과 그래뉴당 100g을 넣고 불에 올린다.

9 물 100㎖를 붓고 끓인다. 볼에 옮겨 담고 재료에 밀착되게 랩을 씌워 한 김 식힌다.

10 냄비에 냉장고에서 하룻밤 재운 **9**를 옮겨 담고 그래뉴당 100g을 넣어 끓인다.

11 끓이면서 유자 씨가 눈에 띄면 일일이 건져낸다.

12 그래뉴당 100g을 넣고 끓이다가 건더기가 말캉해지고 걸쭉해지면 불에서 내린다.

13 완성한 잼이 뜨거울 때 병에 담아 뚜껑을 닫고 충분히 식을 때까지 거꾸로 세워둔다.

매실잼&매실젤리

MEMO ● 매실은 시기에 따라 청매실부터 황매실까지
다양한 맛과 색을 즐길 수 있어요. 정원에서 따다가
흠집이 생긴 매실이나 매실잼을 만들 때 발라놓은
씨와 껍질은 젤리용으로 안성맞춤이랍니다.
그래뉴당의 양은 매실과 매실 진액을
합친 중량의 80%로 맞춰주세요.
▌만드는 시기▐ 6월

청매실잼
●━ 황매실잼

재료
유리병(140㎖)···약 7개 분량
1일 차
매실(청매실·황매실)···1.2kg(손질 후 800g)
그래뉴당···240g
2일 차
매실 진액(p.83 과정 **6~7**)···100㎖
그래뉴당···480g
※황매실과 달리 청매실은 잼 만들기 전날 물에 담가둔다.

청매실잼

황매실잼

1일차

1 청매실은 작업하기 전날 물
에 담가두었다가 사용한다.

2 1의물기를 제거하고 꼬치로
매실 꼭지를 일일이 제거한다.

3 얕은 냄비나 프라이팬에 **2**
와 물을 담고 중불에서 삶는다.

4 물이 끓어오르기 직전에 손
으로 매실을 만져보아 말랑해졌
으면 불을 끄고 채반에 건진다.

5 뜨거운 기운이 가시면 손으
로 매실을 으깨면서 과육과 씨
를 분리한다(과육 800g 기준).
분리한 씨는 모아둔다.

6 매실 진액을 만들기 위해
냄비에 모아둔 씨와 씨의 5배
정도 되는 물을 붓는다.

7 약불에 뚜껑을 덮고 끓이
다가 물이 끓으면 뚜껑을 살짝
열고 90분 더 끓인다. 매실 진
액이 식으면 하룻밤 재운다.

8 다른 냄비에 **5**의 과육과 그
래뉴당 240g을 넣고 섞는다.

9 냄비 중앙 부분이 끓고 과
육이 익어서 뭉그러질 때까지
잘 저어가며 중불에서 끓인다.

10 볼에 옮겨 담고 재료에 밀
착되게 랩을 씌워 한 김 식혀 하
룻밤 냉장고에 넣어둔다.

2일차

11 냄비에 **10**을 옮겨 담고 씨
를 제외한 **7**의 매실 진액 100㎖
를 넣는다.

12 그래뉴당 480g을 세 번에
나눠 넣으면서 눌어붙지 않도
록 신경 쓰며 젓는다.

━● 황매실잼

13 끓어오르면 불에서 내린다.

14 완성한 잼이 뜨거울 때 병
에 담아 뚜껑을 닫고 충분히 식
을 때까지 거꾸로 세워둔다.

1 황매실은 깨끗이 씻어 꼭지
를 제거하고 삶은 다음 껍질이
갈라지기 직전에 채반에 건진다.

2 나머지 과정은 '청매실잼'
과 동일하다. 완성되면 뜨거울
때 병에 담아 충분히 식을 때까
지 거꾸로 세워둔다.

플레인 매실젤리

재료
유리병(140㎖)…약 4개 분량
매실 진액(p.83 과정 **6~7**)…1kg
그래뉴당…800g
펙틴…20g

1 '청매실잼' 과정 **7**의 매실 진액을 체에 걸러 액체만 계량한다(1kg 기준).

2 그래뉴당 300g과 펙틴 20g을 섞는다.

3 냄비에 **1**을 담아 중불로 끓이다가 **2**를 넣어 섞는다.

4 눌어붙지 않도록 실리콘 주걱으로 계속 저으며 끓인다.

5 거품을 걷어내면서 10분 정도 더 끓인다.

6 그래뉴당 300g을 넣는다.

7 불순물과 거품을 걷어내면서 끓인다.

8 나머지 그래뉴당 200g을 넣고 잘 젓는다.

9 그래뉴당이 잘 녹도록 거품기로 휘젓는다.

10 주걱으로 저어가며 끓인다.

11 거품을 걷어내고 걸쭉해질 때까지 끓이면 완성이다.

12 완성한 젤리가 뜨거울 때 병에 담아 뚜껑을 닫고 충분히 식을 때까지 거꾸로 세워둔다.

생강잼

MEMO ● 생강잼은 주로 햇생강으로 만들어요.
탄산수를 섞으면 진저에일로, 뜨거운 물을 만나면 따뜻한 생강차로,
또는 생강 홍차로 즐길 수 있는 활용도 높은 잼이랍니다.
❙만드는 시기❙6~8월

생강잼

1 생강 껍질을 채칼을 사용해 벗긴다.

2 손질한 생강을 적당한 크기로 자른다.

3 **2**를 푸드 프로세서에 넣고 잘게 다진다.

4 냄비에 **3**과 그래뉴당, 사탕수수당을 넣는다.

5 레몬즙 50㎖를 첨가한다.

6 내용물을 고루 섞고 15분 정도 방치한다.

7 생강물이 배어 나오면 중불로 끓이다가 끓기 시작하면 불을 줄여 15~20분 졸인다.

8 주걱으로 저었을 때 냄비 바닥이 한순간 보일 정도로 걸쭉해지면 불에서 내린다.

9 완성한 잼이 뜨거울 때 병에 담는다.

10 병 입구까지 생강잼을 꽉 채워 넣고 뚜껑을 닫는다.

11 잼이 충분히 식을 때까지 거꾸로 세워둔다.

생강잼 **+** 탄산수

바나나잼

MEMO ● 푹 익었거나 당도가 떨어지는 바나나여도 맛있는 잼을 만들 수 있습니다.
바나나는 빨리 끓으므로 마음만 먹으면 뚝딱 만들 수 있어요.
이때 색이 쉽게 변하는 바나나의 단점을 보완하기 위해
초콜릿이나 오렌지 과즙을 더해주면 좋아요.
❙ 만드는 시기 ❙ 연중

오렌지 바나나잼
How to make → p.90

쇼콜라 바나나잼
How to make → p.91

캐러멜 바나나잼
How to make → p.91

바나나잼 3종 ✚ 브리오슈토스트

오렌지 바나나잼

재료

유리병(140㎖)…약 5개 분량

1일 차

바나나…5〜6개(손질 후 500g)

그래뉴당…150g

오렌지 과즙…200㎖

레몬즙…1Ts

2일 차

그래뉴당…100g

간 오렌지 껍질…오렌지 ½개 분량

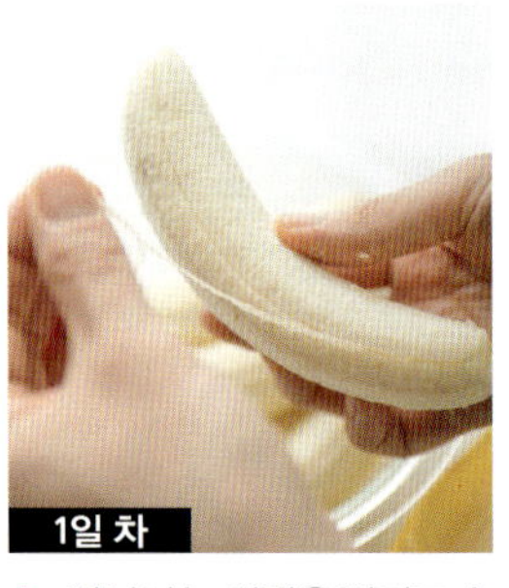

1 바나나는 껍질을 벗기고 속에 붙어 있는 긴 섬유질 줄기를 떼어낸다.

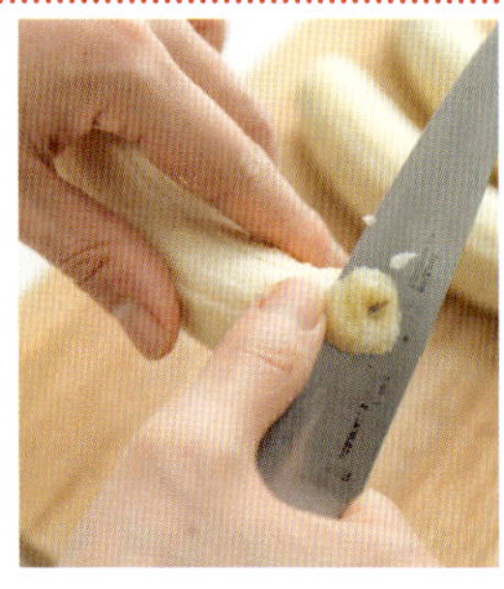

2 갈변한 양 끝을 도려낸다.

3 손질한 바나나를 5㎜ 두께로 통썰기 한다.

4 냄비에 **3**을 담고 그래뉴당 150g을 넣는다.

5 오렌지 과즙을 붓고 중불에 올린다.

6 냄비에 눌어붙지 않게 저으면서 끓인다.

7 볼에 옮겨 담고, 레몬즙이 표면 전체에 배어들게끔 숟가락으로 고루 뿌린다.

8 재료에 밀착되게 랩을 씌워 한 김 식힌 다음 냉장고에 하룻밤 재운다.

9 냄비에 **8**을 옮겨 담는다.

10 그래뉴당 100g을 섞어서 중불로 끓인다. 윤기가 돌고 걸쭉해질 때까지 졸인다.

11 그레이터로 오렌지 껍질을 갈아 넣고 한소끔 끓여 불에서 내린다.

12 완성한 잼이 뜨거울 때 병에 담는다.

13 농도로 인해 병에 빈 공간이 생기면 숟가락을 이용해 공기를 빼고 잼을 채워 넣는다. 뚜껑을 닫고 충분히 식힌다.

쇼콜라 바나나잼

재료
유리병(140㎖)…약 6개 분량
1일 차
바나나…5～6개(손질 후 500g)
그래뉴당…50g
오렌지 과즙…100㎖
레몬즙…1ts
2일 차
그래뉴당…30g
제과용 비터 초콜릿…90g

1 껍질을 벗긴 바나나의 섬유질 줄기를 떼어내고, 갈변한 양 끝을 자른 다음 5㎜ 두께로 통썰기 한다. 바나나를 냄비에 담고 그래뉴당 50g과 오렌지 과즙 100㎖를 넣는다.

2 눌어붙지 않게 저으며 중불로 끓인다.

3 볼에 옮겨 담고, 레몬즙이 표면 전체에 배어들게끔 숟가락으로 고루 뿌린다. 랩을 씌우고 냉장고에서 하룻밤 재운다.

4 냄비에 **3**을 옮겨 담고 그래뉴당 30g을 혼합한다.

5 중불에 올려 주걱으로 저으며 그래뉴당을 녹이고 초콜릿도 넣어 마저 녹인다.

6 완성한 잼이 뜨거울 때 병에 담아 뚜껑을 닫고 충분히 식을 때까지 거꾸로 세워둔다.

캐러멜 바나나잼

재료
유리병(140㎖)…약 6개 분량
1일 차
바나나…5～6개(손질 후 500g)
그래뉴당…70g
오렌지 과즙…200㎖
레몬즙…2Ts

2일 차
캐러멜페이스트…100g
　그래뉴당…40g
　물엿…10g
　버터…10g
　생크림…60㎖
럼주…1Ts

1 '쇼콜라 바나나잼' **1~3** 과정을 참조해 밑작업을 한 다음 냉장고에 하룻밤 재운다.

2 냄비에 그래뉴당과 물엿을 넣고 캐러멜색이 될 때까지 끓이다 불에서 내린다.

3 냄비에 남아 있는 열로 버터를 녹인다.

4 **3**을 다시 불에 올린다. 따뜻하게 데운 생크림을 조금씩 섞으면서 페이스트를 만든다.

5 별도의 냄비에 **1**을 옮겨 담고 불에 올린다. **4**의 캐러멜페이스트를 고루 혼합한다.

6 마지막으로 럼주를 섞는다. 완성한 잼이 뜨거울 때 병에 담아 뚜껑을 닫고 충분히 식힌다.

파인애플마멀레이드&파인애플잼

MEMO ● 오키나와산 파인애플을 사용하면 한층 더 맛있어요.
로즈메리는 향이 강하니 냄비 속에 넣지 말고 병에 넣으세요.
같은 열대 과일에 속하는 패션프루트를 더해주면
패션프루트 씨가 식감의 포인트 역할을 합니다.
| 만드는 시기 | 4~8월

플레인 파인애플마멀레이드

로즈메리 파인애플마멀레이드

플레인 파인애플마멀레이드
➝ 로즈메리 파인애플마멀레이드

재료
유리병(140㎖)···약 6개 분량
1일 차
파인애플···손질 후 900g(과즙 포함)
그래뉴당···200g
2일 차
그래뉴당···230g
레몬즙···2Ts
➝ 로즈메리(부드러운 부분)···적당량

플레인 파인애플마멀레이드

1 꼭지를 잘라낸 파인애플은 밑동과 윗동을 1㎝ 정도 잘라낸 다음 껍질을 제거한다.

2 파인애플 옆면에 박힌 단단한 부분을 칼이나 뾰족한 도구로 도려낸다. 과즙이 떨어지니 밑에 볼을 받치고 작업한다.

3 갈색부분이 남아 있지 않도록 깨끗이 제거한다.

4 세로로 4등분 하고 파인애플 중앙의 심을 발라낸다.

5 4등분한 파인애플을 다시 세로로 5㎜ 두께로 자른다.

6 섬유질방향을 따라 가늘게 채썰기 한다.

7 냄비에 **6**을 담고 볼에 모인 파인애플 과즙도 체에 걸러 붓는다(900g 기준). 여기에 그래뉴당 200g을 넣어 중불에 올린다.

8 주걱으로 계속 젓다가 파인애플의 숨이 죽고 부드러워지면 불에서 내린다.

9 볼에 옮겨 재료에 밀착되게 랩을 씌운 다음 한 김 식으면 냉장고에 하룻밤 재운다.

10 **9**를 냄비에 담고 그래뉴당 130g과 레몬즙 2Ts을 넣어 눌어붙지 않도록 저으며 끓인다.

11 불을 끈 상태에서 핸드블렌더로 파인애플을 갈아 페이스트 상태로 만든다.

12 다시 불을 켜고 나머지 그래뉴당 100g을 넣은 다음 거품을 걷어내며 끓인다.

13 주걱으로 저었을 때 한순간 냄비 바닥이 보일 정도로 걸쭉해지면 완성이다.

14 뜨거울 때 병에 담아 뚜껑을 닫고 충분히 식을 때까지 거꾸로 세워둔다.

🥄 로즈메리 파인애플마멀레이드

1 로즈메리를 병 길이에 맞게 자르고 병 속에 집어넣는다.

2 완성된 '플레인 파인애플마멀레이드'가 뜨거울 때 **1**의 병에 채우고 뚜껑을 닫는다.

패션프루트 파인애플잼 + 바닐라아이스크림

패션프루트 파인애플잼

재료
유리병(140㎖)…약 6개 분량
1일 차
파인애플…손질 후 900g(과즙 포함)
그래뉴당…200g
2일 차
패션프루트…2개
그래뉴당…250g
레몬즙…2Ts

1 '플레인 파인애플마멀레이드'(p.93)의 **1~9** 과정을 반복한다. 끓인 파인애플은 냉장고에서 하룻밤 재운다.

2 패션프루트를 반으로 잘라서 준비한다.

3 밑에 체를 받치고 패션프루트의 속을 긁어낸다.

4 파낸 속을 과즙과 씨를 분리하기 위해 숟가락으로 뒤적이며 체에 내린다.

5 냄비에 **1**을 옮겨 담는다.

6 그래뉴당 150g과 레몬즙 2Ts을 넣는다.

7 **4**의 패션프루트 과즙을 넣고 중불에 올려 끓어오르면 3~5분 정도 더 졸인다.

8 나머지 그래뉴당 100g을 넣고 다시 끓인다. 끓어오르면 2~3분 더 졸인다.

9 거품은 말끔히 걷어낸다.

10 마지막에 패션프루트 씨를 넣고 한소끔 끓인다.

11 완성한 잼이 뜨거울 때 병에 담는다.

12 병 입구까지 꽉 채워 넣은 다음 뚜껑을 닫고 충분히 식을 때까지 거꾸로 세워둔다.

캐러멜잼

소금&버터 캐러멜잼

재료
유리병(140㎖)···약 6개 분량
생크림···380㎖
그래뉴당···330g
가염 버터···150g
물···40㎖
플뢰르 드 셀(프랑스산 천일염: 역주)···½ts

소금&버터 캐러멜잼

바닐라 캐러멜잼

바닐라 캐러멜잼

재료
유리병(140㎖)···약 6개 분량
생크림···380㎖
바닐라 빈··· 1개
그래뉴당···330g
꿀···30g
버터···150g
물···40㎖

소금&버터 캐러멜잼

1 생크림을 냄비에 담아 따뜻하게 데운다.

2 동냄비에 그래뉴당, 버터, 물을 넣고 중불로 끓인다.

3 주걱으로 저어가며 캐러멜 향과 색이 날 때까지 끓인다.

4 1에서 데워둔 생크림을 3에 세 번에 나눠서 넣는다.

5 생크림을 넣을 때마다 저어준다.

6 플뢰르 드 셀을 넣고 충분히 녹인다.

7 일반 잼보다 덜 걸쭉하므로 냄비째 들고 병에 부어도 된다.

바닐라 캐러멜잼

1 바닐라 빈에 세로로 칼집을 넣고 안쪽의 씨를 긁어낸다.

2 생크림을 담은 냄비에 1의 바닐라 꼬투리와 씨를 담고 따뜻하게 데운다.

3 그래뉴당에 꿀을 더해 중량을 맞춘다.

4 동냄비에 계량한 그래뉴당 + 벌꿀과 버터, 물을 넣고 중불에 올린다.

5 실리콘 주걱으로 저어가며 캐러멜 향과 원하는 색이 날 때까지 끓인다.

6 불을 끄고 실리콘 주걱으로 저어가며 데워둔 생크림을 세 번에 나누어 넣는다. 이때 바닐라 꼬투리는 따로 건져둔다.

7 건져둔 바닐라 꼬투리를 병에 들어갈 길이로 잘라 냄비에 넣으면 완성이다. 잼이 뜨거울 때 병에 담아 충분히 식힌다.

노엘잼

MEMO ● 한해에 나는 모든 과실을 모아놓은 듯한 풍성함.
알자스 지방에서는 크리스마스 시즌에만 만나볼 수 있습니다.
모과 진액 대신 사과 껍질의 즙을 활용해도 맛있어요.
| 만드는 시기 | 12월

노엘잼 **+** 브리오슈

재료

유리병(140㎖)…약 7개 분량

모과 진액(p.78)…750㎖

플레인 모과젤리(p.78) 또는 플레인 매실젤리(p.84)…200g

감귤류 잼(팔삭잼) 또는 베리류 잼…150g

말린 무화과…100g

말린 서양자두…60g

말린 살구…50g

건포도 믹스…100g

오렌지필 또는 다진 레몬필…80g

그래뉴당…150g

호두 또는 아몬드(예열한 오븐 150~160℃에서 10분간 굽고 다진 것)…50g

믹스드 스파이스 파우더…1ts

간 레몬 껍질 또는 오렌지 껍질…1개 분량

1 말린 무화과와 서양자두, 살구, 건포도를 뜨거운 물에 담갔다가 바로 찬물에 식힌다. 무화과와 서양자두는 1㎝, 살구는 5㎜로 채 썬다.

2 냄비에 모과 진액과 손질해둔 말린 무화과를 넣고 중불로 끓인다.

3 플레인 모과젤리를 넣고 내용물이 섞이도록 잘 섞는다.

4 이번에는 팔삭잼을 넣고 잘 저어준다.

5 손질해둔 말린 살구, 건포도, 오렌지필, 말린 서양자두를 넣고 섞는다.

6 끓어오르면 그래뉴당을 넣고 거품을 걷어내며 계속 졸인다.

7 걸쭉해지면 밑손질한 호두를 넣는다.

8 믹스드 스파이스 파우더를 넣고 잘 섞는다.

9 마무리 단계에서 그레이터로 레몬 껍질을 갈아 넣는다.

10 다시 한소끔 끓이고 불에서 내린다.

11 완성한 잼이 뜨거울 때 병에 담아 충분히 식힌다.

믹스잼&이층잼

믹스잼은 2가지 잼을 혼합한 것이고, 이층잼은 2가지 잼을 하나의 병 속에 층을 나누어 담아내는 것이에요. 특히 이층잼은 다양하게 먹을 수 있어요. 처음부터 2가지 잼을 섞어 먹어도 되고, 위쪽부터 먹다가 중간쯤에서 2가지가 섞인 맛을 즐기고 다시 아래쪽을 맛봐도 된답니다. 보기에도 예쁘고 잼을 색다르게 즐길 수도 있는 방법이에요.

믹스잼

1 서로 다른 2가지 잼을 만들어 준비한다.

2 잼이 담긴 냄비에 다른 잼을 붓는다.

3 불에 올려 두 잼이 고루 섞이도록 젓는다.

4 한소끔 끓인 다음 불을 끄고 바로 병에 담는다.

이층잼

1 2가지 잼을 만들어 준비한다. 뜨거울 때 아래쪽에 놓일 잼을 병 높이의 반까지 담는다.

2 첫 번째 잼을 식히고 두 번째 잼을 한소끔 끓여서 병의 남은 부분에 채운다.

3 두 번째 잼을 채울 때는 아래층 잼이 흔들리지 않도록 주의한다.

4 병 입구까지 꽉 채웠으면 뚜껑을 닫고 충분히 식을 때까지 거꾸로 세워둔다.

믹스잼

플레인 딸기잼 **+** 플레인 포멜로잼　　　　　　플레인 살구잼 **+** 생강잼

이층잼

MEMO 1 ● 색이 진한 잼들로 층을 만들 때는 문제가 없지만, 색이 진한 잼과 연한 잼을 병에 담을 때는 약간 주의해야 해요. 보통 한 달 정도는 진한 색과 연한 색이 예쁘게 그라데이션을 이루는데 오래 보관할수록 색이 번지면서 뒤섞인다는 점을 기억해두세요.

MEMO 2 ● 아래층에는 딸기잼이나 금귤잼처럼 과실이 묵직한 잼을 담는 게 좋아요. 유자나 블루베리처럼 펙틴 함량이 높은 잼도 적당합니다. 위층에 담을 잼으로는 모과젤리처럼 투명하거나 다른 잼에 비해 비교적 찰랑거리는 서양배잼, 자두잼, 복숭아잼을 추천해요. 물론 아래위층 모두 단단한 잼으로 채워도 괜찮아요. 반대로 묽은 잼끼리 조합하면 예쁜 마블링이 생깁니다.

플레인 라즈베리잼 + 허니 자몽잼　　　　　　　　청매실잼 + 플레인 매실젤리

패션프루트 금귤잼 **+** 로즈메리 파인애플마멀레이드   플레인 블루베리잼 **+** 월계수 백도잼

잼&디저트

신선한 과일로 만든 잼은 그 자체로도 물론 충분히 맛있지만 디저트의 재료로도 활용도가 높아
요. 과일의 자연적인 색감이 디저트를 화사하게 하는 동시에 싱그러운 향과 깊이 있는 맛이 디저
트의 완성도를 한층 높이거든요. 같은 디저트라도 곁들이는 잼을 달리하면 전혀 다른 맛을 느낄
수 있답니다. 제철 잼을 곁들인 디저트를 먹으며 계절을 담뿍 느껴보세요.

잼과 크렘 에페스를 곁들인 머랭

재료

머랭(5×7㎝)···약 12개 분량
머랭
　　달걀흰자···80g
　　그래뉴당···80g
좋아하는 잼···적당량
크렘 에페스*···적당량
*크렘 에페스: 생크림을 발효시켜 만든 프랑스의
대중적인 식재료. 생크림의 깊고 크리미한 맛과
사워크림보다 신맛이 적은 것이 특징.

1 볼에 달걀흰자를 넣고 푼 다음 그래뉴당 1Ts을 넣는다.

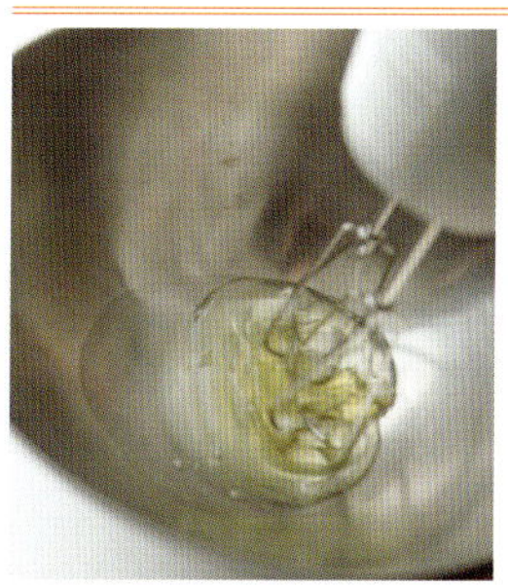

2 핸드믹서로 휘핑한다.

3 흰 거품이 어느 정도 올라오면 남은 그래뉴당의 반을 네 번에 나누어 넣는다.

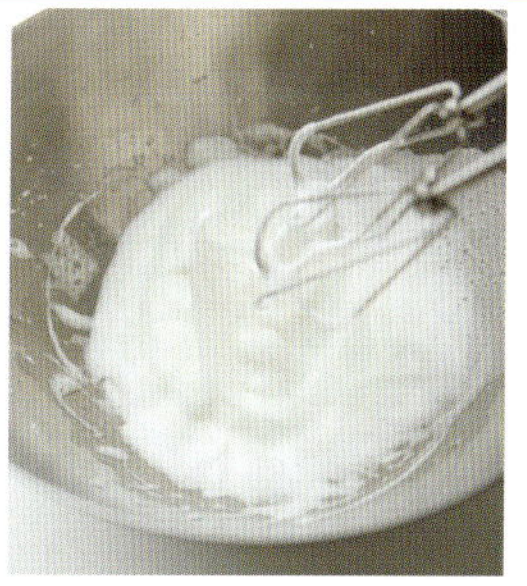

4 거품기로 들어 올렸을 때 뿔이 살짝 휘는 정도가 될 때까지 계속 휘핑한다.

5 나머지 그래뉴당을 넣는다.

6 뿔이 설 때까지 휘핑한다.

7 별모양 깍지를 끼운 짤주머니에 내용물을 담는다.

8 시트(또는 유산지)를 깐 오븐 팬 위에 머랭을 일정한 간격으로 짠다. 오븐을 100~110℃로 예열한 다음 약 3시간 굽는다.

9 다 구워지면 식힌다. 잼과 크렘 에페스를 곁들여 그릇에 보기 좋게 담아낸다.

과일마리네

설탕 대신 잼을 활용해 간단한 과일 디저트를 만들 수 있을까요?
잼은 조미료 같은 역할을 해주므로 한층 더 깊은 과일마리네를 만들 수 있습니다.
처치 곤란한 잼을 활용할 수 있는 좋은 방법이기도 해요.

재료(약 4인분)
무화과, 파인애플, 수박, 포도, 루비자몽…500g(과즙 포함)
패션프루트 파인애플잼(p.94)…2~3Ts

1 무화과를 세로로 8등분 해 준비한다.

2 파인애플과 수박은 먹기 좋은 크기로 자른다. 포도는 알만 사용한다. 자몽은 속껍질을 제거하고 과즙과 모아둔다.

3 볼에 손질해둔 여러 종류의 과일을 담고 잼을 넣는다.

4 숟가락으로 고루 섞는다.

5 랩을 씌워 과일에서 즙이 배어 나올 때까지 냉장고에 30분 정도 둔다.

과일마리네를 과즙과 함께 유리컵에 담고 탄산수를 붓는다. 얇게 썬 레몬이나 라임으로 장식하면 끝.

생강&라임 포도젤리

여름에서 가을 사이에 자주 만드는 포도젤리를 잼을 활용해서 만들어볼까요?
정성껏 만든 포도잼에 와인을 더해 만든 젤리를 먹으면 입이 즐겁습니다.
라임즙과 생강즙이 맛의 비결이에요.

재료(약 3인분)

그래뉴당…10g
카라기난*…8g
물…200㎖
화이트와인(단맛 또는 레드와인이나 포도 주스)…100㎖
화이트와인 포도잼(p.57)…160g
생강즙…¼ts
라임즙…1ts
간 라임 껍질…라임 ½개 분량
탄산수…적당량
슬라이스 라임…3조각
*카라기난: 젤리를 만들 때 쓰는 응고제.

1 그래뉴당에 카라기난을 넣고 고루 섞는다.

2 냄비에 물을 붓고 중불에 올린 다음 끓으면 **1**을 넣는다.

3 거품기로 내용물을 잘 저으면서 1분 정도 팔팔 끓인다.

4 화이트와인을 넣고 섞는다.

5 잼을 넣고 냄비 가장자리가 보글거리면 불에서 내린다.

6 생강즙, 라임즙을 넣는다.

7 라임 껍질을 그레이터로 갈아 넣는다.

8 냄비 속 내용물을 사각 트레이에 조심스럽게 붓는다.

9 랩을 씌워 한 김 식으면 냉장고에 넣고 차게 굳힌다.

10 젤리가 굳으면 냉장고에서 꺼내 숟가락으로 푼다.

11 유리잔에 보기좋게 담는다.

12 적당량의 탄산수를 붓고 슬라이스 라임으로 장식한다.

밤바바루아

잼을 '과자 만들기'에 활용하면 다양한 디저트를 만들 수 있어요.
이번에는 밤잼으로 바바루아(설탕·달걀노른자·젤라틴을 뜨거운 우유에 넣고 식힌 다음, 거품을
낸 달걀흰자와 생크림을 넣고 틀에 넣어 다시 굳힌 양과자: 역주)에 도전해보겠습니다.
수제 잼을 활용하는 만큼 풍부한 밤 맛을 즐길 수 있는 디저트랍니다.
밤잼 외에도 딸기잼이나 블루베리잼으로도 만들어보세요.

재료
타원형 틀(6×8cm)⋯3개
밤잼(럼주를 넣은 밤잼 또는 바닐라 밤잼 p.60)⋯130g
판 젤라틴⋯3g
럼주⋯5㎖
생크림⋯110㎖

1 판 젤라틴을 찬물에 담근 다음 냉장고에 넣어 10~15분 정도 불린다.

2 밤잼을 냄비에 담고 주걱으로 저어가며 끓이다 부글거리면 불에서 내린다.

3 볼에 물기를 뺀 젤라틴과 럼주를 넣고 중탕하며 녹인다.

4 **3**에 **2**를 넣는다.

5 주걱으로 고루 섞는다.

6 차가운 물에 볼을 대어 남아 있는 열을 식힌다.

7 별도의 볼에 생크림을 넣고 거품기로 70% 정도 휘핑한다.

8 **6**에 **7**의 생크림을 두 번에 나눠 넣는데, 넣을 때마다 주걱으로 고루 섞는다.

9 **8**을 타원형 틀에 붓는다.

10 표면을 매끄럽게 정리하고 냉장고에서 1시간 이상 차게 굳힌다.

11 틀에서 밤바바루아를 꺼내기 전, 틀을 따뜻한 물에 3~5초 정도 담근다.

12 물 묻힌 손가락으로 바바루아 둘레를 안쪽으로 당기며 틀에서 빼내고 그릇에 거꾸로 담는다.

파인애플레어치즈케이크

잼만 있으면 상큼한 과일 맛이 나는 레어치즈케이크도 손쉽게 만들 수 있어요. 시중에 파는 과일퓌레를 이용해서 만드는 것보다 간단하답니다. 이 책에서는 파인애플마멀레이드를 활용했지만 복숭아나 살구, 사과, 감귤류 등의 잼도 잘 어울려요.

재료

원형 무스 틀(지름 15㎝)…1개
무가당 요구르트…300g
판 젤라틴…4.5g
럼주…½Ts
파인애플마멀레이드(p.92)…100g
크림치즈…90g
그래뉴당…10g
생크림…70㎖
파인애플…적당량

1 볼 위에 체를 얹고 커피 필터를 올린다. 커피 필터에 요구르트를 담아 2시간 정도 물기를 뺀다(약 130g이 될 때까지).

2 판 젤라틴을 찬물에 담가 냉장고에 넣고 10~15분 정도 불린다.

3 불린 젤라틴은 물기를 빼서 볼에 담고 럼주를 더한다.

4 **3**을 중탕해서 녹인다. 이때 오래 중탕하면 오히려 굳어질 수 있으니 주의한다.

5 볼이 따뜻할 때 파인애플마멀레이드를 섞는다.

6 별도의 볼에 크림치즈를 넣고 거품기로 푼 다음 그래뉴당을 잘 섞어준다.

7 크림치즈가 부드러워지면 **1**의 요거트를 두 번에 나눠 넣고 매끄러워질 때까지 젓는다.

8 생크림을 넣은 볼 밑에 얼음물을 대고 뿔이 뾰족이 설 때까지 휘핑한다.

9 파인애플마멀레이드를 얼음물에 대고 되직하게 만든다.

10 되직해지면 크림치즈가 담긴 볼에 넣고 섞는다.

11 **8**의 휘핑한 생크림에 고루 혼합한다.

12 케이크용 종이받침을 깔아둔 무스 틀에 내용물을 붓는다.

13 주걱으로 표면을 고르게 정돈한 다음 랩을 씌워 냉장고에서 3시간 이상 차게 굳힌다.

14 냉장고에서 꺼내 틀을 분리하고, 얇게 썬 파인애플로 테두리를 장식한다.

잼 사블레

입속에서 사르르 녹아내리는 사블레(쿠키, 비스킷
따위의 프랑스 과자: 역주)를 활용해보겠습니다.
좋아하는 잼은 뭐든 OK!
다만 사블레의 파삭한 식감을 유지하려면 단단한
잼을 고르는 것이 포인트랍니다. 사블레는 부서지기
쉬우니 잼을 바를 때 조심해야 해요. 이제 갓
만든 사블레의 강한 맛을 만끽해보세요.

재료(만들기 쉬운 분량)
사블레 반죽
　　실온에서 말랑해진 버터…270g
　　그래뉴당…140g
　　소금…1g
　　달걀노른자…1개 분량
　　아몬드 파우더…70g
　　박력분…375g
　　베이킹파우더…1g
그랑 마니에르 귤잼(p.20), 플레인 라즈베리잼(p.38),
소금&버터 캐러멜잼(p.96), 슈거 파우더…각각 적당량

1 볼에 버터를 넣고 거품기로 부드럽게 푼다. 여기에 그래뉴당과 소금을 넣고 색이 희어질 때까지 거품기로 혼합한다.

2 달걀노른자를 넣고 다시 섞어준다.

3 이번에는 아몬드 파우더를 넣고 고루 섞는다.

4 박력분과 베이킹파우더를 고루 섞어서 체에 내린 다음 3에 붓는다.

5 주걱으로 가루가 보이지 않도록 확실히 섞는다.

6 하나로 덩어리질 때까지 반죽한다.

7 사블레 반죽을 평평하게 만든다. 랩에 싸서 냉장고에 넣어 하룻밤 휴지시킨다.

8 다음날 반죽을 오븐 시트 위에 올리고 그 위에 다시 오븐 시트를 덮어 2㎜ 두께로 민다.

9 오븐 시트를 벗기고 지름 6㎝ 틀로 반죽을 찍고, 그중 반은 지름 2㎝ 틀로 중앙을 찍는다. 동그라미 반죽 2개가 한 쌍이 되도록 개수를 조절한다.

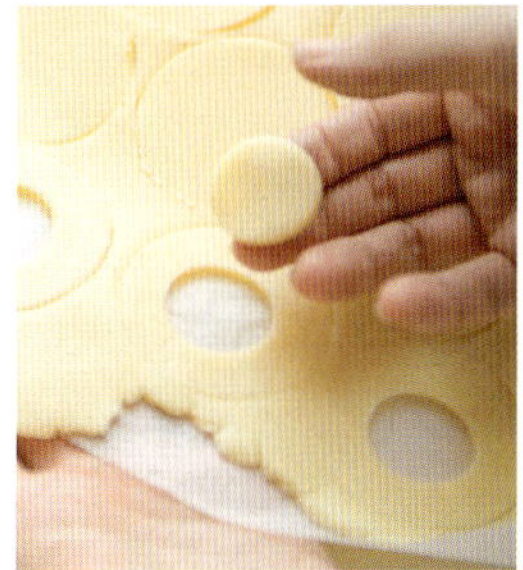

10 중앙에 찍어둔 지름 2㎝짜리 반죽을 살살 떼어낸다.

11 오븐 시트 또는 유산지를 깐 오븐 팬 위에 반죽을 가지런히 올린다. 180℃로 예열한 오븐에서 15분 정도 굽는다.

12 다 구워지면 한 김 식히고 잼바를 준비를 해둔다.

13 구멍이 없는 사블레에 원하는 잼을 펴서 바르고 구멍이 난 사블레를 포갠다.

14 몇 개의 구멍 뚫린 사블레에 슈거 파우더를 고루 뿌린다.

15 슈거 파우더를 뿌린 사블레를 잼을 발라둔 사블레에 올려 짝을 맞춘다.

16 가운데 구멍에 잼을 더 채우고 마무리한다. 지름 2㎝ 사블레도 보기 좋게 담는다.

사과크럼블타르트

겨기름(미강유)을 넣은 타르트 반죽은
휴지시킬 필요가 없어서 과정이 간단합니다.
오븐에 굽다 보면 잼이 졸아들고 마르게 되니
잼을 덮듯이 크럼블을 올리는 방법을 추천해요.
원래는 사과소테를 넣어 만드는 '사과
타르트'의 초간단 버전입니다.

재료
원형 무스 틀(지름 21㎝) 또는 바닥이 뚫린 원형 틀…1개
박력분…150g
아몬드 파우더…20g
코코넛가루…10g
소금…1g
흑설탕(가루)…30g
겨기름… 45㎖
우유…25~30㎖
캐러멜 사과잼(p.67)…160g
시나몬 파우더…약간

1 볼에 박력분과 아몬드 파우더, 코코넛가루, 소금, 흑설탕을 넣고 섞는다.

2 겨기름을 볼에 두르고 뒤섞는다. 숟가락에 붙은 재료는 떼어내서 다시 볼에 담는다.

3 손으로 내용물을 살살 비벼가며 재료를 포슬포슬한 상태로 만든다.

4 기름기가 퍼지면서 촉촉해질 때까지 이 작업을 계속 반복한다.

5 우유를 넣는다.

6 숟가락으로 섞어가며 반죽을 뭉친다.

7 한 덩어리로 뭉쳐지면 반죽이 완성된 것이다.

8 완성된 반죽의 반(약 180g)을 떼어 오븐 시트를 덮고 4~5㎜ 두께로 넓게 민다.

9 오븐 시트를 벗기고 원형 틀로 반죽을 찍는다.

10 틀 안쪽에 모자란 부분이 있으면 틀 밖에 삐져나온 반죽을 떼어 빈 공간을 메운다.

11 오븐 시트째로 오븐 팬에 옮긴 후 반죽 표면에 잼을 고루 바른다.

12 남겨둔 반죽에 시나몬 파우더를 넣는다.

13 손으로 혼합물을 비벼가며 크럼블 상태를 만든다.

14 잼이 보이지 않도록 크럼블을 반죽 위에 고루 뿌린다.

15 크럼블 표면을 손으로 가볍게 누르고 170℃로 예열한 오븐에서 30~35분 정도 굽는다.

16 다 구워지면 칼로 틀을 따라 안쪽을 한 바퀴 돌려 틀에서 타르트를 분리한다. 충분히 식히고 알맞게 조각낸다.

트라이플

트라이플은 커스터드크림을 넣고 만들지만
여기서는 젤리를 활용하는 방법을 소개할게요.
스펀지케이크에 알맞게 배어든 젤리와 생크림, 베리의 상큼한
맛이 절묘한 조화를 이루는 디저트랍니다. 예쁜 색감이
돋보이도록 유리 용기에 담아주세요.

재료
용기(지름 15.5㎝×높이 10㎝)…1개
제누아즈
    달걀…2개
    달걀노른자…1개 분량
    그래뉴당…60g
    박력분…60g
    버터…30g
생크림…150㎖
플레인 모과젤리(p.76)…약 300g
라즈베리 또는 딸기…1팩

1 볼에 달걀, 달걀노른자, 그래뉴당을 넣고 핸드믹서로 3분 이상 휘핑한다.

2 반죽으로 리본 모양을 그렸을 때 3중으로 겹쳐지고 이 모양이 5초간 지속될 정도로 반죽이 단단해지면 알맞다.

3 박력분을 체에 내린다. 버터는 별도의 볼에 담아 중탕으로 데워둔다.

4 **2**에 **3**의 박력분을 넣고 가루가 보이지않도록 혼합한다.

5 윤기가 돌면 주걱으로 반죽을 떨어뜨려 농도를 확인한다. 떨어뜨린 흔적이 전체 반죽과 어우러지면 적당하다.

6 **3**의 버터에 **5**의 반죽을 조금 넣고 잘 섞는다.

7 **6**을 둘러주듯이 **5**의 볼에 붓는다.

8 속도감 있게 혼합하면서 버터가 고루 섞였는지확인한다.

9 오븐 시트를 깔아둔 틀에 **8**을 고루 붓는다.

10 오븐 팬에 옮겨 담고 180℃로 예열한 오븐에서 25분 정도 굽는다.

11 중앙을 꼬치로 찔러봤을 때 아무것도 묻어나지않으면 잘구워진 것이다. 뜨거울 때 틀에서 빼내고 한 김 식힌다.

12 충분히 식으면 제누아즈(둥근 모양의 바탕 케이크: 역주)를 가로세로 1㎝ 크기로 자른다.

13 얼음물에 볼을 대고 생크림을 휘핑하여 그대로 식힌다.

14 그릇에 제누아즈를 담고 플레인 모과젤리를 뿌린 다음 라즈베리를 보기 좋게 올린다.

15 생크림을 듬뿍 얹는다.

16 생크림 위에 제누아즈, 라즈베리, 젤리, 생크림을 얹고 젤리와 라즈베리를 맨 위에 장식한다. 완성한 트라이플을 냉장고에 넣고 차게 해서 먹는다.

살구잼을 넣은 가토쇼콜라롤

오븐에서 막 꺼냈을 때는 파삭한 식감을, 하룻밤 두면 촉촉한 맛을 즐길 수 있는
매력적인 디저트입니다. 이 책에서는 살구잼을 활용했지만 라즈베리나 감귤류 잼도
초콜릿과 잘 어울린답니다. 커피나 홍차 대신 위스키나 브랜디 등과의 조화도
좋고요. 그릇에 담아 위스키를 뿌려 먹는 방법도 꼭 시도해보세요.

재료
롤 케이크용 사각 틀(28㎝)···1개
쇼콜라 반죽
　제과용 초콜릿(카카오 함량 53~64%)···140g
　머랭
　　달걀흰자···4개 분량
　　그래뉴당···20g
　달걀노른자···4개 분량
　그래뉴당···120g
슈거 파우더···1Ts
코코아 파우더···1Ts
생크림···200㎖
플레인 살구잼(p.44)···100g

1 초콜릿을 중탕으로 녹인다.

2 달걀흰자를 볼에 담고 그래뉴당을 두 번에 나누어 넣으며 휘핑해 머랭을 만든다. 수분이 날아가 퍽퍽해지면 적당하다.

3 별도의 볼에 달걀노른자와 그래뉴당을 넣고 핸드믹서로 혼합한 다음 거품기로 바꿔 찰기가 생길 때까지 휘핑한다.

4 중탕해둔 초콜릿이 따뜻할 때 **3**에 넣고 재빨리 섞는다.

5 만들어둔 머랭의 반을 넣고 속도감 있게 섞는다.

6 남은 머랭을 넣고 혼합한다.

7 오븐 시트를 깐 사각 틀에 반죽을 고루 붓는다.

8 **7**을 오븐 팬에 올리고 180℃로 예열한 오븐에서 17분 정도 굽는다.

9 다 구워지면 식힘망에 올려 그대로 식힌다.

10 케이크가 식으면 틀에서 꺼내 슈거 파우더를 뿌리고 코코아파우더도 올린다.

11 새로 오븐 시트를 깔고 그 위에 **10**을 뒤집은 다음 바닥면의 오븐 시트를 살살 떼어낸다.

12 생크림을 볼에 담아 얼음물에 대고 70% 휘핑한다.

13 **11**에 **12**의 휘핑한 생크림을 얹고 고루 펴 바른다.

14 생크림 위에 플레인 살구잼을 4줄 올린다.

15 케이크를 오븐 시트와 함께 마는데, 케이크 겉면이 갈라져도 상관없다.

16 손으로 케이크의 모양을 매만져 고정하고 먹기 좋은 크기로 자른다.

유자잼을 넣은 아몬드케이크

재료
사부아 틀(지름 20cm)···1개
머랭
   달걀흰자···3개 분량
   그래뉴당···55g
달걀노른자···2개 분량
그래뉴당···5g
박력분···60g
강력분···15g
슈거 파우더···50g
베이킹파우더···1g
껍질째 간 아몬드 파우더···50g
버터···50g
플레인 유자잼(p.80)···120g
틀에 바를 재료
   버터···5~10g
   잘게 다진 생 아몬드···20g

1 틀 안쪽에 버터를 고루 바르고 잘게 다진 아몬드를 넣는다.

2 잘게 다진 아몬드를 틀 안쪽에 고루 묻힌다.

3 볼에 달걀흰자를 넣고 그래뉴당을 두 번에 나누어 넣으며 핸드믹서로 거품을 올린다.

4 핸드믹서 대신 거품기로 바꿔 휘핑하면서 뿔이 뾰족이 설 정도로 단단한 머랭을 만든다.

5 다른 볼에 달걀노른자와 그래뉴당 5g을 넣고 거품기로 혼합한다.

6 머랭에 **5**를 넣는다.

7 거품기로 휘저으며 섞는다.

8 박력분, 강력분, 슈거 파우더, 베이킹파우더를 섞어 체에 내린 뒤 주걱으로 **7**과 혼합한다.

9 아몬드 파우더를 체에 내려 함께 섞는다.

10 버터를 중탕으로 녹여 따뜻할 때 **9**에 붓고 섞는다.

11 플레인 유자잼을 넣는다.

12 주걱으로 고루 섞는다.

13 **2**의 틀에 반죽을 붓고 표면을 매끄럽게 정리한다.

14 170℃로 예열한 오븐에서 50분 정도 구운 다음 한 김 식으면 틀에서 분리한다.

금귤잼을 넣은 가토바스크

가토바스크는 프랑스 남서부의 바스크 지방에서 즐겨 만드는 과자입니다.
블랙체리 산지인 바스크에서는 블랙체리로 만든 잼을 넣거나
커스터드크림을 넣는 것이 보통이지만 저는 금귤잼을 선호해요.
가토바스크를 위해 금귤잼을 만들어둘 정도입니다.

재료
망게 틀(지름 18㎝)…1개
실온에서 말랑해진 버터…150g
그래뉴당…110g
소금…한 꼬집
달걀…25g
달걀노른자…15g
박력분…170g
플레인 금귤잼(p.72)…100~120g
코팅용 달걀물*…적당량
틀 밑 준비용**
　버터, 강력분…각각 적당량
*코팅용 달걀물…계량하고 남은 달걀을 활용한다.
**틀 밑 준비용…틀 안쪽에 버터를 바르고 냉장고에서 식힌다.
버터가 굳으면 강력분을 고루 바르고 사용하기 직전까지 냉장
고에 둔다. 바닥에는 오븐 시트를 깔아둔다.

1 볼에 버터를 넣고 거품기로 푼다. 여기에 그래뉴당과 소금 한 꼬집을 섞는다.

2 1에 달걀과 달걀노른자를 넣고 고루 섞는다.

3 박력분을 체에 치고 볼의 재료를 주걱으로 혼합한다.

4 덩어리지게 손반죽한 다음 스크래퍼로 2등분한다.

5 손에 물을 묻히고 4의 반죽 한 덩이를 올린 다음 공기를 빼듯이 평평하게 편다.

6 미리 준비한 틀에 **5**를 알맞게 편다. 가장자리는 1.5㎝ 정도 남기고 가운데 부분을 움푹하게 만든다.

7 움푹한 곳에 잼을 넣는다. 잼이 묽다면 반죽에 잼을 올리고 15분 정도 냉동고에 두었다가 사용한다.

8 손에 물을 묻히고 나머지 반죽을 **5**처럼 평평하게 편다.

9 잼 위에 반죽을 올리고 잼이 비어져 나오지 않게 스패튤라로 표면을 고르게 정돈한다.

10 달걀물을 표면에 고루 펴서 바른다.

11 포크를 이용해 반죽 표면에 원을 그린다.

12 팬에 올려 160℃로 예열한 오븐에서 30분간 굽다가 150℃로 낮춰 40분 더 굽는다.

13 한 김 식으면 틀에서 분리하고 식힘망에 올려 식힌다.

잼셰이크

과일 대신 잼을 넣어 언제든 쉽게 만들 수 있는 초간단 음료 레시피를 소개할게요.
이 책에서는 복숭아잼을 사용했지만 파인애플잼이나 블루베리잼으로 만들어도 맛있답니다.
우유와 잘 어울리는 잼을 골라 다양하게 시도해보세요.

재료(2인분)

우유…250㎖

월계수 백도잼(p.46)…50g

얼음…3조각

1 모든 재료를 믹서에 넣고 간다.
2 유리잔에 예쁘게 따른다.

크림소다

직접 만든 잼을 활용해서 과일 맛이 살아 있는 크림소다를 만들어볼까요?
유리잔의 80%를 얼음으로 채우고 탄산수를 천천히 부으면 예쁜 층을 만들 수 있습니다.
탄산수 대신 화이트와인도 한번 시도해보세요.

재료(2인분)

플레인 팔삭마멀레이드(p.22)…2Ts

얼음…적당량

탄산수…적당량

바닐라아이스크림…적당량

1 유리잔에 먼저 잼을 넣고 얼음을 80% 정도 채운다.
2 탄산수를 천천히 붓고 바닐라아이스크림을 올리면 완성이다.

투명한 잼
알맹이가 살아 있는 잼 만들기

1판 1쇄 발행 | 2018년 3월 12일
1판 2쇄 발행 | 2022년 1월 17일

지은이 다나카 히로코
옮긴이 김윤경
펴낸이 김기옥

실용본부장 박재성
편집 실용1팀 박인애
영업 김선주
커뮤니케이션 플래너 서지운
지원 고광현, 김형식, 임민진

디자인 제이알컴
인쇄·제본 민언프린텍

펴낸곳 한스미디어(한즈미디어(주))
주소 121-839 서울시 마포구 서교동 양화로 11길 13(서교동, 강원빌딩 5층)
전화 02-707-0337 | 팩스 02-707-0198 | 홈페이지 www.hansmedia.com
출판신고번호 제 313-2003-227호 | 신고일자 2003년 6월 25일

ISBN 979-11-6007-236-5 13590

책값은 뒤표지에 있습니다.
잘못 만들어진 책은 구입하신 서점에서 교환해 드립니다.

한 스 미 디 어 와 함 께 하 는
푸드 & 드링크·라이프스타일 도서

🍴 푸드

풍미사전

니키 세그니트 지음
정연주 옮김 | 564쪽 | 45,000원

마스터링 파스타

마크 베트리, 데이비드 요아힘 지음
정연주 옮김 | 272쪽 | 34,000원

도시생활자의 식탁

장보현, 김진호 지음
328쪽 | 16,800원

여행자의 식탁

김은아, 심승규 지음
320쪽 | 16,800원

바 타르틴

니콜라스 발라, 코트니 번즈 지음
채드 로버트슨 사진 | 정연주 옮김
368쪽 | 32,000원

소스 앤 딥 237

시바타쇼텐 편집부 지음
방영옥 옮김 | 208쪽 | 20,000원

소스!

발레리 드루에,
피에르–루이 비엘 지음
이정은 옮김 | 128쪽 | 14,000원

**568 조미료 소스
양념 대백과**

주부의 벗사 지음
송소영 옮김 | 용동희 감수
178쪽 | 15,800원

수프 교과서

사카타 아키코 지음
조수연 옮김 | 128쪽 | 13,000원

샌드위치 교과서

사카타 아키코 지음
송소영 옮김 | 128쪽 | 13,000원

치즈도감

NPO법인 치즈프로페셔널협회
감수 | 송소영 옮김
224쪽 | 18,000원

스시도감

보즈콘나쿠 지음
방영옥 옮김 | 224쪽 | 18,000원

드링크

와인 바이블(2018 에디션)

케빈 즈렐리 지음
정미나 옮김 | 416쪽 | 45,000원

내추럴 와인

이자벨 르쥬롱 지음
서지희 옮김 | 최영선 감수
224쪽 | 32,000원

**쉽고 친절한
홈 와인 가이드**

사토 요이치 지음
송소영 옮김 | 조수민 감수
116쪽 | 13,800원

맥주도감

일본맥주문화연구회,
일본맥주저널리스트협회 감수
송소영 옮김 | 208쪽 | 16,500원

스피릿

조엘 해리슨, 닐 리들리 지음
정미나 옮김 | 성중용 감수
256쪽 | 22,000원

**블루보틀 크래프트
오브 커피**

제임스 프리먼, 케이틀린 프리먼,
타라 더건, 클레이 맥라클란 지음
유연숙 옮김 | 230쪽 | 28,000원

베이킹

완전판 레시피: 과자의 기본

가와바타 가쓰히코 지음
조수연 옮김 | 128쪽 | 15,000원

완전판 레시피: 빵의 기본

후지모리 지로 지음
조윤희 옮김 | 128쪽 | 15,000원

제과 프랑스어 사전

고사카 히로미,
야마자키 마사야 지음
박지은 옮김 | 츠지제과전문학교
감수 | 이정은 한국어판 프랑스어
발음 감수 | 240쪽 | 22,000원

브레드 베이커스 어프렌티스

피터 라인하트 지음
문수민 옮김 | 정웅 감수
336쪽 | 36,000원

타르틴 브레드

채드 로버트슨 지음
에릭 울핑거 사진 | 오승해 옮김
장은철 감수 | 304쪽 | 32,000원

타르틴 북 No.3

채드 로버트슨 지음
문수민 옮김 | 정웅 감수
336쪽 | 34,000원

절대 실패하지 않는 베이킹북

후쿠다 준코 지음
송혜진 옮김 | 152쪽 | 14,000원

동경제과학교 양과자 기본 레시피 48

마스다 가즈아키,
스즈키 겐스케 지음
조수연 옮김 | 200쪽 | 20,000원

자꾸만 만들고 싶은 쿠키책

닛타 아유코 지음
송혜진 옮김 | 96쪽 | 12,000원

틀 없는 타르트

가와이 미호 지음
조수연 옮김 | 80쪽 | 12,000원

투명한 잼

다나카 히로코 지음
김윤경 옮김 | 128쪽 | 15,000원

슈가 플라워

재클린 버틀러 지음
이현주 옮김 | 160쪽 | 20,000원